KB250267

미니벨로 자전거
나홀로 전국 여행

국립중앙도서관 출판예정도서목록(CIP)

미니벨로 자전거 나홀로 전국 여행 / 저자: 유제환. – 서울
: 시간의물레, 2014
   p. ;   cm

ISBN 978-89-6511-095-8 13980 : ₩15200

국내 여행[國內旅行]
자전거 여행[自轉車旅行]

981.102-KDC5
915.19-DDC21   CIP2014024457

미니벨로 자전거 나홀로 전국 여행

초판인쇄 2014년 9월 12일
초판발행 2014년 9월 20일
저   자 유 제 환
발 행 인 권 호 순
발 행 처 시간의물레
등   록 2004년 6월 5일
등록번호 제1-3148호
주   소 서울시 마포구 마포대로 4다길 3(1층)
전   화 02-3273-3867
팩   스 02-3273-3868
전자우편 timeofr@naver.com
홈페이지 http://www.mulretime.com
B L O G http://blog.naver.com/mulretime
I S B N 978-89-6511-095-8 (13980)
정   가 15,200원

미니벨로 자전거
나홀로 전국 여행

유제환

시간의 물레

차례

4대강을 경유한 자전거 여행 코스
(지도로 보는 여행 구간)

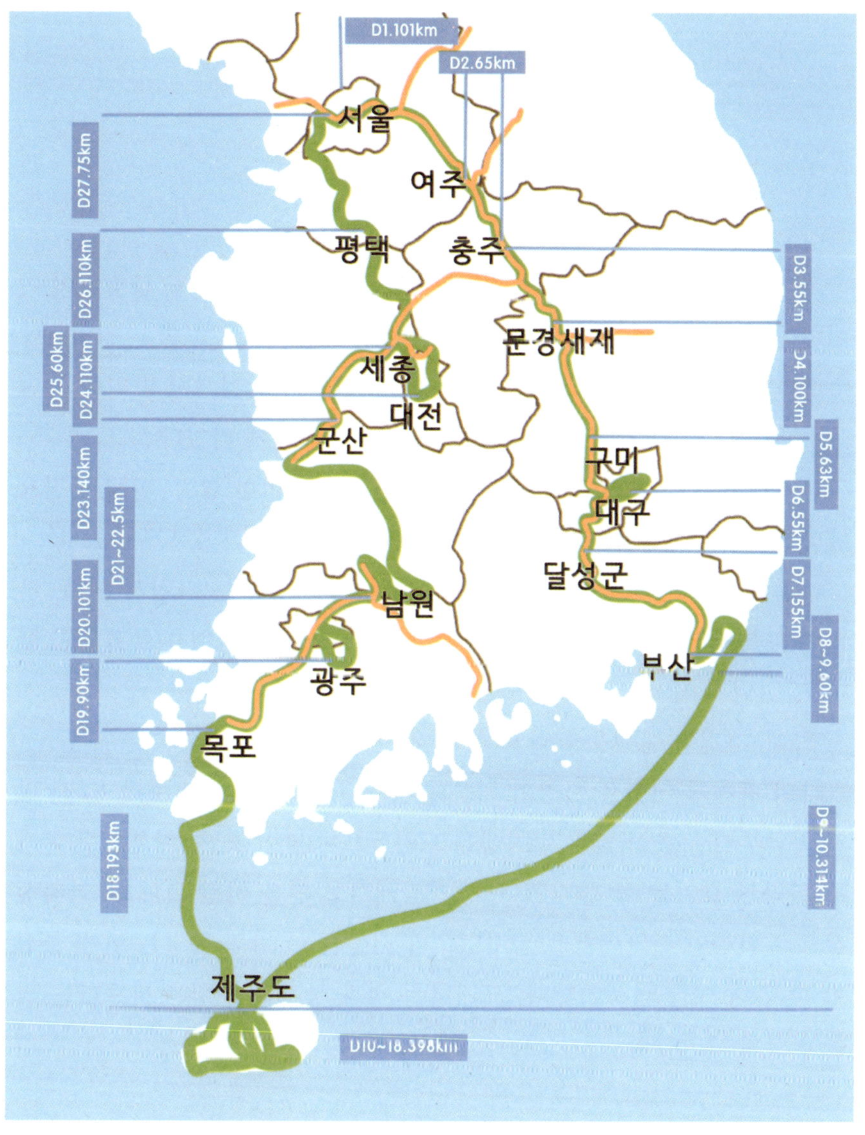

prologue

기획자의 길을 걸어온 지 어느덧 10년이란 시간이 흘렀다. 끊임없이 아이디어를 생산해야 하는 직업이다 보니 스트레스를 많이 받는 직업군에 속한다. 스트레스로 인해 회사생활이 힘들었고 병원에서마저 일을 그만둘 것을 권했다. 그래서 나는 대책없이 일을 그만두게 되었다.

나에게 가장 필요한 건 휴식. 한때 유행했던 단어인 힐링. 힐링이 필요했다. 힐링을 위해 난 무엇을 하면 좋을까? 답은 아주 간단하게 나왔다.

자전거를 타는 사람이라면 누구나 한 번씩은 꿈꾸는 자전거 여행. 나 또한 다를 바 없이 자전거를 이용한 해외여행과 전국여행을 꿈꿔오곤 했다. 망설임 없이 머릿속에 떠오른 것은 자전거 여행이었다.

"그래! 자전거 여행을 떠나보자!"

나의 자전거 여행은 이번이 처음이 아니다. 그땐 참 무모했다. 그때 당시 첫날부터 무릎이 망가져 여행을 포기했으니 말이다. 첫 여행이란 글자는 인라인 묘기를 할 당시였다. 묘기팀에서 공연을 하던 그때, 무한자신감으로 인라인 전국여행을 꿈꾸었으나 서울을 한 바퀴 돌고는 발에 물집이 다 잡혀 여행을 포기했다. 묘기하는 것과 장거리 주행은 다르다는 것을 절실히 깨달았다.

시간은 흘러 자전거 붐이 일기 시작하고, 일반 자전거밖에 모르던 내 눈에 각양각색의 자전거들이 보이기 시작했다. 처음엔 힘세 보이는 MTB들, 조그맣고 접히는 자전거들 그리고 로드. 그중 내 마음에 들었던 건 아기자기하게 접히는 가벼운 미니벨로 스트라이다였다. 처음 미니벨로를 구입한 나는 자전거의 신세계에 빠졌다.

접이식 미니벨로 스트라이다

인라인보다 빠르고 편하며 장거리를 달려도 피로가 덜하고 예쁘기까지 했다. 두 번째 전국여행은 이 녀석과 함께였으나 여행에 대한 지식이 없던 나는 첫날밤 산속에서 춥고 무서운 나머지 무리를 해 무릎을 망가트려 버렸다.

그 뒤 여행은 실패했지만 항상 이 녀석과 함께 생활을 했다. 그런데 한 가지 불편한 점이 있었다. 접으면 작지도 크지도 않은 애매한 크기라는 점이었다. 그래서 알게 된 브롬톤.

나는 지금 브롬톤 마니아가 되었다. 브롬톤과 함께 출퇴근부터 여행까지 어디는 함께하였고, 점점 장거리 여행과 1박 2일 여행을 다니기 시작했다.

그러나 또 불편한 점이 발생했다. 사람의 욕심은 끝이 없다고 했던가? 소싯적 인라인 묘기를 한다고 몇 년 동안 인라인을 댔더니…. 무릎이 많이 안 좋아져 운동을 하면 무릎이 아파 오는 고질병을

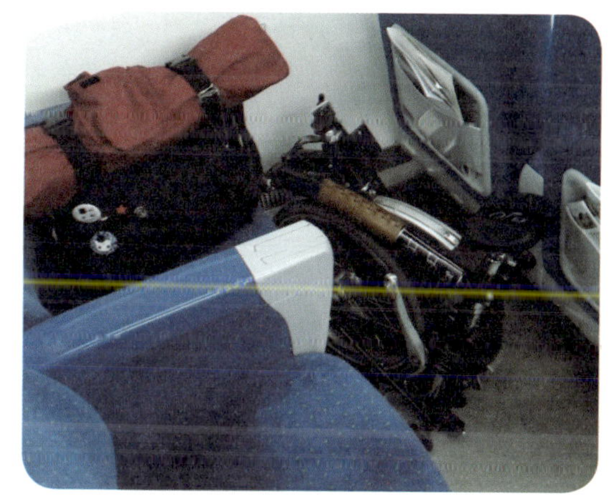

갖게 되었다.

그러던 중 브롬톤도 전동이 가능하다는 소식을 접했고 무릎 고통에서 해방될 수 있다는 기대에 큰마음을 먹고 전동킷을 장착했다. 이렇게 나와 폴브롬톤은 떼려야 뗄 수 없는 존재가 되었고. 장거리 여행을 꿈꾸게 되었다. 평소 주행 시에는 페달링을 하고, 무릎에 무리를 주는 언덕 등은 전동의 힘으로 오르게 되니 모든 걸 다 가진 기분이었다. 그렇게 자전거 전국여행의 꿈도 한층 다가왔다고 느낀 나는 언젠가는 꼭 한번 가고야 말겠다고 몇 번씩 벼르고 별렀다. 실패는 더 큰 도전욕을 자극한다. 기회가 온 지금 바로 실행에 옮겨야 된다 생각했다.

이번 여행 콘셉트를 잡아보려고 했다. 우선 여행을 떠날 때 많은 돈을 들여 전문 복장과 좋은 카메라를 가져가야 한다는 편견을 깨고 싶었다. 그래서 택한 건 평소 즐겨 입던 청바지와 사진을 찍어줄 갤럭시 노트1이었다. 스마트폰으로도 충분히 좋은 사진을 찍을 수 있다는 것을 보여주고 싶었다.

느긋하게 페달링을 하며 여유를 느끼고 마음에 드는 장소가 나오면 푹 쉬고, 기간·일정에 구애받지 않는 여행을 하다 올 것이다. 아직 추운 2월이지만 여행을 하면서 봄이 찾아오고 따뜻해지리라 믿는다. 자전거와 나. 그리고 쉴 수 있는 집이 되어줄 텐트. 어디든 못 가겠는가?
지금부터 나의 자전거 여행이 시작된다.

여행을 준비하며

여행! 이 두 글자가 주는 행복은 모든 사람들을 어린아이로 만들어 버린다. 독자들 모두 소풍 전날 '비 오지 말아라. 비 오지 말아라!' 하며 간절히 빌던 초등학생 시절을 떠올려 보시라! 과거의 여행준비는 하늘에 대한 간절한 기도(?)라면 지금은 실전준비라는 것. 자전거 여행을 알고 내 애마 상태를 알아보기로 했다.

우선 긴 시간 동안의 여행이기에 트레일러*를 가져가기로 했다. 내 자전거는 미니벨로이다 보니 아주 작게 접힌다. 접어서 끌고 다닐 수 있는 자전거 중 최고라 불리는 브롬톤이다.

휴대성만큼은 으뜸인 미니벨로. 여행짐들을 자전거에 다 실으면 자전거 한 대만 있으니 편할 수도 있지만, 그렇게 된다면 자전거를 접을 때마다 모든 짐들을 풀어야 하는 번거로움이 발생한다.

트레일러를 끌고 가면 자전거를 접어서 트레일러에 올리기만 해도, 이동이 아주 간편해지니. 역시 트레일러를 가져가기로 했다. 내가 이래서 미니벨로를 사랑할 수밖에 없다. 휴대성 Good.

여행준비에 앞서 가장 필요한 것이 무엇인가 생각해 보았다.

사람이 생활하기에 기본적인 의식주를 제외한 것 중 가장 필요한 것은 전기! 전기가 가장 필요한 이유는 우선 여행기를 계속 기록할 수 있는 스마트폰의 전력과 야영 시 필요한 불빛 때문일 것이다. 옛날처럼 야영하며 장작을 팰 순 없지 않은가?

야영을 자주 하게 될 텐데 부족한 전기를 어디서 가져다 쓸 것인가 굉장히 많은 고민을 했다. 숙박업소(게스트하우스, 모텔, 찜질방) 등에서 충전하는 방법도 있지만, 주로 캠핑장에서 야영할 생각인 나에게는 도움이 되질 못했다. 그래서 생각난 게 예전에 사용하던 풍력발전충전기와 태양광 충전기다. 그중 풍력발전기는 너무 오랜 시간 충전을 해야 하므로 패스하기로 했다. 풍력은 거의 7일을 달려서 쌓은 에너지로 스마트폰 하나 충전할 정도니까….

태양광은 고가라는 단점이 있지만, 태양만 좋다면 급속충전이 되는 장점을 가지고 있다. 머릿속을 쥐어 패면서 고심 끝에 생각한 것은 낮에는 태양광으로 각종 기기들을 충전시키고, 밤에는 충전한 기기들을 사용하고, 또 부족할 경우에는 보조 배터리를 사용하기로 한 것이다. 그렇게 전기에 대한 문제는 해결되었다.

식사는 라면으로 해결해야 했다. 거기에는 가슴 아픈 사연이 있는데, 우연히 들른 대형할인마트에서 "우아!" 하고 감탄사를 연발하다 보니 어느새 라면 한 상자를 결제한 후였다. 어리석은 행동이었다. 나중에 여행을 다녀와 생각한 거지만 라면은 비상용으로 3개 정도면 충분한 거 같다.

이제 그다음인 잠잘 곳이다. 역시 여행의 로망은 텐트! 정말 고심하면서 고르고 또 고르던 게 이 텐트가 아닐까 싶다. 자전거 여행만 다녀봤지 텐트에 대해 아는 게 없던 나는 막막하기만 했다. 어디서 텐트에 대한 정보를 얻어야 하는지 어디서 구매를 해야 싸게 사는지, 이곳저곳 텐트에 관련된 블로그를 찾아보기도 하고 카페에 가입해보기도 했지만 초보자로서는 그저 다 어렵기만 하다.

거기다 추천하는 사람마다 전부 달랐다. 혼돈에 혼돈만 생길 뿐 정작 텐트 구경조차 못해봤다. 추천해주는 제품들은 비싸기만 했고 꼭 이런 느낌이었다.

Level 1짜리 캐릭터한테 Level 99의 최고급 장비를 추천해줄 테니 그거 사서 '끝판왕' 만나러 가라고. 내게 필요한 것은 희귀등급 아이템이 아닌 일반 등급의 아이템이었는데 말이다. 그래서 결국 직접 부딪혀보기로 하고 캠핑장비 매장을 찾아갔다. 매장 직원은 처음엔 가장 가볍고 따뜻해 좋은 성능을 자랑하는 걸 추천해줬으나 그만큼 가격도 높아 성능을 조금씩 다운시켜 보았다.

내가 텐트 구입할 때 중점을 뒀던 부분은 세 가지다.

1. 크기
2. 밤이슬이 들어오는가
3. 무게

온라인 쇼핑몰에서 구매했던 보급형 텐트가 하나 있는데 밤이 찾아오면 텐트 내부는 이슬로 가득 차고 보온성이 부족하여 얼어 죽기 딱이었다. 그래도 조금 경험이 있다고 텐트 사는 덴 도움이 됐다.

우선 크기는 어른 2~3명 정도가 들어갈 수 있는 공간이 필요했다. 보통 2인용 텐트를 사면 한 사람이 생활하고 잘 정도의 공간 밖에 안 나왔으므로 2인용 텐트는 좀 작았다. 그래서 고른 게 성인 2명에 어린아이 1명이 늘어살 수 있는 텐드였다. 왜냐면 우선 내가 늘어가야 하고, 이것저것 캠핑용품을 깔아야 하고, 트레일러도 안에 들여와야 하고, 가장 소중한 나의 브롬톤을 안전하게 보관할 수 있는 공간이 있어야 했기 때문이다.

그때 딱 마침 좋은 텐트가 있었다. 이 텐트는 내가 원하는 공간이 확보되는 크기였고 또한 바깥에 짐을 놔둘 수 있는 공간이 따로 존재했다. 보는 순간 '바로 이거다!' 싶었다. 가격도 텐트 치고 적당한 선이었다.

그리고 안에 들여놔야 하는 이유 중 또 다른 하나는 밤이슬이다. 지고 일어나 보면 반새 이슬에게 습격당해 피폐해신 자전거가 주인을 맞이한다. 안쓰러울 정도로 흠뻑 젖은 자전거를 보자니 가슴이 먹먹해지는 경우

가 종종 발생한다. 그래서 이 전실
에다가 브롬톤 커버를 씌워놓음 딱
이다 싶었다. 그렇게 구매하게 된
텐트. 텐트가 왔으니 시험 삼아 펴
보는 건 당연지사!

　마지막 입을 것이 되겠다. 다들
여행을 떠날 때 보면 전문라이딩옷
을 입고 다니는 것을 많이 볼 수 있다. 물론 이게 편하기도 하지만 굳이 비
싸게 돈을 주고 사고 싶진 않았다. 텐트는 어쩔 수 없이 살기 위해 샀다고
쳐도 입을 옷도 많은데…. 약간의 불편함을 감소하면 될 거라 생각했다.

　그리고 접이식 미니벨로를 타며 그런 옷을 입고 있자니 뭔가 웃기기도
하고…. 평소에도 청바지를 입고 잘 탔으므로 이번에도 청바지와 오래된,
버려도 되는 옷을 입기로 했다.

　이렇게 살기 위해 꼭 필요한 의식주가 해결됐으니 다음은 부가적인 용
품들이 필요했다. 그래서 챙겨본 물품들이다.

　(원래는 이렇게 많이 안 챙겨도 된다. 가벼울수록 여행할 때 편하다. 럭
셔리한 여행을 하고 싶은 마음에 너무 많아졌다.)

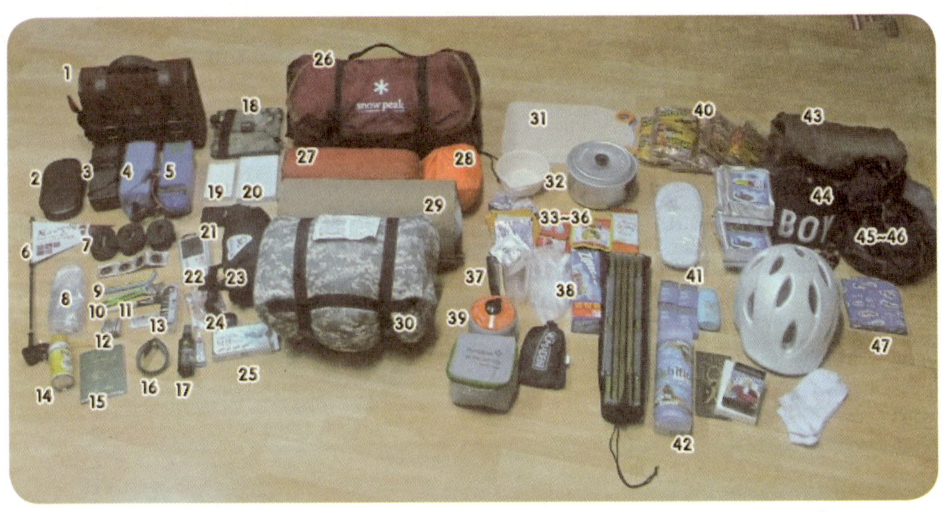

여행에 가져갈 다양한 준비 물품들

1. 브롬톤 프론트 가방 – 자전거에 달 수 있는 가방들은 참 편리하다. 트레일러에 넣어놨던 짐을 빼는 수고로움을 덜게 해준다. 자주 쓰는 물건을 넣어 놓자.
2. psvita – 혼자 여행하면서 심심함을 달래줄 나의 게임기
3. 폴브롬톤 충전기
4. 폴브롬톤 배터리
5. 폴브롬톤 예비 배터리
6. 여행 중임을 알리는 깃발
7. 예비 튜브(2개 브롬톤용, 1개 트레일러용)
8. 브롬톤용 예비 체인(체인링크 포함)
9. 타이어 주걱
10. 미니 몽키스패너
11. 먼지털이개
12. 브롬톤용 6각렌치세트
13. 펑크패치 본드 세트
14. 체인오일
15. 자전거 패스포트(4대강 스탬프용) – 현대사회에서 인증은 필수다.
16. 비상 발목 LED – 안전여행은 필수!
17. 방수스프레이
18. 태양광 발전기 – 모든 전지제품 충전용(강력한 성능을 자랑해 폰이 2시간 만에 충전된다.)
19. 보조 배터리(스마트폰 3개 분량의 용량)
20. Bluetooth 키보드 – 저녁마다 올릴 여행기를 위해서~
21. 핸드폰 보조 배터리
22. 캠핑용 태양광 LED 조명
23. 브롬톤 커버 – 새벽이슬 등을 피하기 위한용품
24. 고글 – 고글은 변색렌즈 제품들이 좋다. 낮에는 선글라스 밤에는 투명한 일반안경이 되어 따로 두 개를 준비할 필요가 없어진다. 터널로 들어설 때 빗을 필요가 없어 편하다.
25. 연고와 소염진통제 – 아플 때를 대비한 상비약

26. 텐트 – 브롬톤과 트레일러를 안에 들여놓기 위해 2~3인용 텐트로
    준비했다.
27. 에어매트 – 푹신한 잠자리를 위한 must have item
28. 자충식 베개
29. 텐트 바닥에 까는 털 돗자리 – 따듯하고 방수기능을 가져 한기를 막
    아주는 애용하는 돗자리
30. 군용침낭 – 군용이 싸다
31. 간이도마 – 요리를 해먹기 위한 도마. 돌돌 말아서 다닐수 있다.
32. 코펠 – 라면이나 밥을 해먹는 냄비다.
33. 라면 스프
34. 케첩 – 이건 왜 챙겼는지 모르겠다.
35. 맛다시 – 이거 하나면 반찬 따윈 필요없다.
36. 선식 – 집에 하나 남아 있길래 챙겼다.
37. 칼 – 가지고 다닐 때 위험하지 않게 접이식을 장만했다.
38. 지퍼락 비닐봉지 – 식당에서 남은 반찬을 담아올 때 편하다.
39. 가스
40. 발에 붙이는 핫팩 30개(매일 따듯한 잠을 자기 위해!)
41. 선크림 – 안 바르면 늙어서 돌아온다고 꼭 챙기란다.
42. 스포츠타월 – 말리기도 쉽고 물기를 저장하기도 쉽다.
43. 두꺼운 군용 내복 – 아직은 추운 날씨. 입 돌아가지 않으려면 챙기
    는 게 좋을 듯했다.
44. 모자 – 헬멧으로 눌리고 잘 감지 못한 머리를 산발하고 계속 돌아다
    닐 수는 없으니 미모 유지용 가리개(?)
45. 양말, 속옷(창피해서 숨겨놨음) – 3일치씩 준비해 세탁 후 사용.
46. 바람막이, 티셔츠, 바지
47. 버프 – 먼지와 자외선을 막아야 살 수 있다.

다 펼쳐놓고 보니 굉장히 많다. 거의 이사하는 수준인데? 트레일러에
넣어보니 알맞게 들어가 다행이다.

　여행 계획을 세워보기로 했다. 미니벨로는 특성상 평일에도 지하철 반
입이 자유롭기 때문에 오전 8시 무렵 출발하여 양평까지 지하철로 이동하

려고 한다. 그러고 보니 왜 집에서부터 자전거로 출발하지 않고 양평에서부터 하는지 의문이 생길 것이다. 이유는 간단하다. 서울은 지겨울 정도로 많이 돌아서 따분하고 새롭지 않았다. 신선하고 흥미로운 경험을 선호하는 나는 이미 서울을 벗어나 충주까지 자전거 여행을 했지만 그렇다고 충주에서 시작하기에는 너무하는 것 같아 양평으로 나 자신과 타협하기로 했다.

원래 여행을 혼자 떠나려고 했는데 아는 후배와 함께 출발해 대구까지 함께할 예정이다. 내가 여행을 떠난다고 하니 후배 녀석이 따라오고 싶었나 보다. 꼭 함께 가자고 해, 대구 길목까지 함께하기로 했다. 아마 2박 3일 정도는 같이 있을 듯하다. 후배와 헤어진 뒤에는 혼자 여행을 시작해 부산을 목표로 달리고 부산에서 관광을 할 것이다. 그 뒤 서쪽으로 이동하여 약 일주일 동안 제주도 여행을 하고 서해안을 따라 올라가 서울로 돌아오려고 한다. 과연 말처럼 이뤄질 수 있을런지….

내가 잡은 여행 계획은 세부적이지 않다. 큰 코스만 정해놓고 어디서 꼭 뭘 해야 한다 이런 게 없다. 맘 가는 대로 가고 싶을 때 가고 쉬고 싶을 때 쉬고 여유 있게, 이른바 요즘 유행하는 '마음 치유 여행'을 모토로 삼아 가려고 한다. 계획에 틀어박혀 있다면 힐링여행이란 느낌보다는 무언가 목적의식에 사로잡히게 되고 결국에는 여행의 본질이 망가질 거 같았다. 잠은 거의 캠핑을 할 예정이고 대도시에 진입할 때마다 찜질방이나 숙소에서 묵은 때를 벗기려고 한다. 무료 캠핑장도 곳곳에 많이 있으니 위험하지 않게 캠핑장들을 애용하려고 한다. 혹시 모르니 호신용품도 들고 가야겠다. 그럼 다가오는 여행을 위해 파이팅! (과연 잘될까?)

한강

한강(2월 25일)

나와의 싸움, 후배와의 싸움

1일차 - 여주

이동경로 : 111km

신도림 → 양평(지하철로 이동) 77km

양평 → 여주 (자전거로 이동) 강변유원지 34km

2014년 2월 25일 오전 5시. 이른 아침 핸드폰 기상벨소리에 깜짝 놀라 눈을 떴다. 밤새 뒤척이다 어느새인가 잠이 들었나보다. 잠에서 덜 깨 정신없는 머릿속에 이 생각만 맴돈다. '약속한 시간은 7시. 용산역으로 가야 한다.'

방에서 나와 거실로 가보니 어제 생각나서 챙겨뒀던 옷가지들이 널려 있다. 주섬주섬 트레일러에 넣고 잠 좀 깰 겸 샤워하러 들어갔다. 방으로 돌아온 나는 뭔가 중요한 걸 빠트린 기분이 들었다. 주섬주섬 옷을 입으며 뭘까 곰곰히 생각해봐도 기억이 나질 않아 우선 트레일러를 가지고 밖으로 나갔다.

브롬톤에 타는 순간 불현듯 스치는 그것! 아, 안장커버! 다시 집으로 들어와 안장커버를 손에 들었다. 장거리 여행에는 필수품인 안장커버. 이걸 빠트리면 엉덩이가 타들어갈 것이 뻔했다. 자칫 잘못하다가는 여행을 중도에서 포기할 뻔했다. 생각만으로도 끔찍하다. 건망증 치료제라도 먹어야 하나? 정신 차려야지!

새벽이라 그런지 아직 날은 어둡다. 이렇게 이른 아침에 밖에 나와본 게 얼마 만인지…. 감회가 새롭다. 졸린 눈꺼풀을 억지로 밀어올리며 자전거 라이딩을 시작하니 어느덧 약속 장소인 용산역에 도착했다.

지전기칸인 맨 앞 열차로 이동해 서 있자니 점점 사람들이 많아지기 시작한다. 접고 펴는 게 신기한듯 쳐다보는 사람도 있고 사진을 찍는 사람도 있다. 한 여학생이 수줍어하며 조심스레 사진을 찍어간다. 브롬톤 자전거가 때아닌 사랑을 녹차지하고 있을 때쯤(흥! 자전거 주제에) 생글생글한 표정으로 후배 녀석이 온다. 정해진 약속 시간보다 한참 늦은 후였다.

"미안요."

지하철 승차 후 자전거를 세우고 벨트로 조여준 뒤 자리에 앉아가며 나의 구박이 계속되었다. "아녀… 어…! 아니…! 어!" 그저 후배는 미안한지 미안하단 말만 앵무새처럼 되뇔 뿐 이미 엎질러진 물 더 해서 뭐하리오. 그래 우리 여행 일정이나 함 되짚어보자.

오늘은 자전거 여행길이 처음인 후배를 위해 무리하지 않고 짧게 가기로 했다. 후배가 여행을 따라 나선다고 하길래 자전거를 평소에 자주 타는지 알았다. 하지만 이게 웬걸 그저 기겁할 수밖에. 세상에 자전거 타본지 몇 년은 되었다고 한다. 그것도 오늘 가져온 자전거가 초등학생 때 타던 자전거란다! 어쩐지 대구까지 이틀 만에 가겠다고 할 때부터 알아봤어야 했는데…. 무서운 허풍을 가진 후배를 보니 겁부터 나기 시작했지만 죽이 되든 밥이 되든 시작해보기로 한다. 오늘만이라도 같이 있어줘. 후배야!

어느덧 지하철은 양평에 도착. 밥부터 먹고 출발하기로 했다. 금강산도 식후경이라는 말이 있듯이 식사 유무에 따라 이동거리도 확연히 달라지는 만큼 식사는 필수다. 누구나 한번쯤 들어본 유명 도시락집에서 간단하게 해결하고 출발!

20

양평역 근처에 한강 자전거 길이 연결되어 있으므로 우린 그곳을 시작 지점으로 삼기로 했다. 즐거운 마음으로 출발하려는 찰나….

"형…. 잠시만요."

"뭐야? 왜 앞으로 안 나가? 네 자전거 어디 좀 이상하다? 이거 정비 언제했어? 초딩 때 이후로 한번도 안 했다고?" 고물상에서나 볼 수 있는 생을 마감한 자전거처럼 상태가 말이 아니다. 난 체인이 무슨 금장 체인인줄 알았는데…. 이게 다 녹이었다. 바람 빠진 타이어는 양쪽 다 축 늘어져 있고 기어도 바뀌진 않는다. 이제는 후배가 경이롭게 느껴진다.

선생님으로 빙의한 나는 후배 가방 검사를 시작했다. "너 그 가방 좀 열어봐." 후배는 등에 메고 있던 가방을 열어 보여준다. 후배 가방에서 나온 건 초코바랑 걸쳐 입을 외투 하나였는데 이 상태라면 저녁에 얼어죽기 딱 좋았다. 그저 해맑게 웃기만 하는 후배한테 뭐라할 수도 없고…. 우선 급한대로 타이어 공기주입을 마무리한 다음 출발하기로 한다. 따스한 엄마 마음으로 챙겨줘야지, 이 녀석!

제대로 출발한 지 얼마 못 가서 후배의 속도가 뒤쳐지기 시작했다. 평소 장거리 라이딩을 해본 적이 없던 후배는 지속적인 속도 유지가 힘들었을 터, 이 녀석의 속도에 맞춰 달리기 시작한다. 양평을 빠져 나오기 시작하면서 양옆으로 논이 나타

난다. 겨울의 논은 허전해 보이지만 서울에서 맡을 수 없는 자연의 향기에 흠뻑 취해 본다. 후배와 이런지런 농담을 하며 달리고 있자니 언덕이

나오기 시작했다.

　서울의 자전거 길과는 다르게 가파른 언덕들이 많이 나왔다. 후배는 내려서 속칭 '끌바'*를 많이 했다. 나 혼자 타고 갈 수도 없는 노릇이라 같이 옆에서 끌바를 했다. 벌써부터 후배 녀석은 무릎이 아프고 저리다고 한다. 첫날부터 이게 무슨 고생이람! 고작 10km 정도 밖에 안 왔는데 말이다.

　무릎은 아프기 시작하면 바로 쉬어야 한다. 그 상태에서 조금만 더 가야지 하고 무리를 한다면 그대로 한 달 동안 걷기도 힘들게 되버릴 수 있다. 내가 첫 전국일주를 목표로 여행을 시작했을 때 겪었던 일인데 아무것도 모르던 당시 열정만 믿고 달렸다가 산속에서 길을 잃고 무서운 나머지 무리해 빠져나오다가 무릎이 망가져 한 달간 제대로 걷지도 못했던 기억이 난다. 후배 녀석의 무릎이 걱정되어서 좀 오래 쉬었다 가기로 했다.

　쉬는 동안 자전거 여행한다고 업체에서 선물받은 금장데칼 자랑을 했다. "내가 디자인한 건데 폴바이크라고 전동자전거킷 업체에서 만들어줬어. 예쁘지? 예쁘지?"

신이 나서 한참 떠들고 나니 후배가 슬슬 다리가 괜찮아졌다고 한다. 출출하니 라면 하나 먹고 가자고 했다. "오~ 저도 때마침 출출했는데 잘됐네요." 후배가 또 금세 싱글벙글이 되었다. 이런 단순한 녀석! 배고픈 후배님을 위해 라면 개봉 박두!!! 후배의 두 눈이 휘둥그레진다. "형…. 이게 다 라면이에요?" 나도 보면서 이걸 언제 다 먹나 생각했다. 정말 많아도 너무 많다. 부산 갈 때까지 라면만 먹게 생겼다.

드디어 여행 중 요리를 처음 해보는 시간이다. 첫 요리라 나도 후배도 이상하게 두근거린다. 라면이 부글부글 끓기 시작하자 후배가 옆에 와 앉는다. 옆에 앉은 후배 모습이 안쓰러워 보인다. 왠지 측은해지기까지 하다, '많이 먹고 힘내! 갈 길은 멀다 후배야.' 몇 끼 굶은 사람들처럼 국물까지 남김없이 해치운 우리는, 기운을 내서 신나게 달렸다.

가도가도 끝이 안 보이는 직선길을 지나고 있을 무렵, 지축을 흔드는 굉음이 들려오기 시작했다. 우리나라를 지키는 멋진 K1A1(?) 전차다. "내가 말야 군대에 있을 때…. 뱀이 말야…." 군필자인 나는 신이 나서 군대

이야기를 하기 시작했다. 군필자는 자기도 모르게 군대이야기를 하게 된다고 하던데 이건 세월이 지나도 어쩔 수 없는 것 같다. 그래도 착한 후배는 남자라고 재밌어 하며 들어줬다.

정신없이 이야기하다 보니 우리는 어느덧 '여주보'에 도착했다. 후배 녀석은 이런 수중시설은 처음 보는지 셀카 삼매경이다. 힘들어하던 녀석이 웃으니까 후배를 향한 걱정스런 마음이 누그러든다. 그러고 보니 '이포보' 근처에는 유명한 '천서리 막국수'촌이 있는데 정신없는 와중 그냥 지나쳐 버렸다. 아차! 다음에 기회가 된다면 꼭 먹어야지!

캬, 경치 좋고!

천천히 얘기하며 걷고 있는데 뒤에서 커플이 타고 있는 것으로 추정되는 로드 두 대가 빠른 속도로 앞질러가며 소리쳤다.

"국토종주하세요? 부산까지?"
"네! 우선 부산까지 국토종주예요!"
"저희도 국토종주 중이에요! 함께해요!"

말은 그렇게 하지만 이미 저만큼 달려나가서 소리가 가물가물하다. 미니벨로의 한계를 몸소 실감하며 복수의 칼날을 마음속에 품었다. (훗날 이 커플로 짐작되는 일행을 앞지르게 된다는 일화가….)

걷다 보니 앞에 세종대왕릉 표지판이 보인다. 우리가 묵게 될 캠핑장이 눈앞에 보였지만 잠시 돌아가기로 하고 옆길로 빠져나왔다. 그렇게 가게 된 여주의 세종대왕릉 "영릉". 2012년 세계문화유산으로 지정된 조선왕릉. 입장료가 싸다. 단돈 500원! 장영실의 물시계부터 세종대왕 동상, 박물관 등 많은 볼거리가 있다.

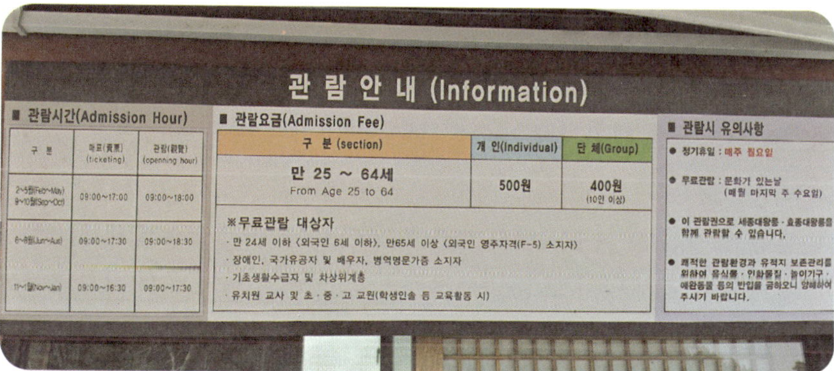

관람안내 (Information)

■ 관람시간(Admission Hour)

구 분	매표(賣票) (ticketing)	관람(觀覽) (openning hour)
2~5월(Feb~May) 9~10월(Sep~Oct)	09:00~17:00	09:00~18:00
6~8월(Jun~Aug)	09:00~17:30	09:00~18:30
11~1월(Nov~Jan)	09:00~16:30	09:00~17:30

■ 관람요금(Admission Fee)

구 분 (section)	개 인(Individual)	단 체(Group)
만 25 ~ 64세 From Age 25 to 64	500원	400원 (10인 이상)

※무료관람 대상자
· 만 24세 이하 〈외국인 6세 이하〉, 만65세 이상 〈외국인 영주자격(F-5) 소지자〉
· 장애인, 국가유공자 및 배우자, 병역명문가증 소지자
· 기초생활수급자 및 차상위계층
· 유치원 교사 및 초·중·고 교원(학생인솔 등 교육활동 시)

■ 관람시 유의사항

● 정기휴일 : 매주 월요일

● 무료관람 : 문화가 있는날
　(매월 마지막 주 수요일)

● 이 관람권으로 세종대왕릉·효종대왕릉을 함께 관람할 수 있습니다.

● 쾌적한 관람환경과 유적지 보존관리를 위하여 음식물·인화물질·놀이기구·애완동물 등의 반입을 금하오니 양해하여 주시기 바랍니다.

다시 캠핑장으로 가기 위해 자전거에 올라타니 후배 녀석이 무릎이 아파 더는 힘들단다. 결국 예정지였던 여주의 강변 유원지까지 다시 걸어간다. 겨우 도착한 캠핑장에는 아직 캠핑을 하기에 이른 겨울이라 인기척도 없고 아무것도 없었다. 캠핑장 구석 화장실이 가까운 곳에 텐트를 치고 밥을 짓기 위해 화장실에서 물을 받으려 하니 문이 잠겨 있다. 그랬다. 아직 시즌이 되지 않아 화장실을 잠가버린 것이다. 결국 울며 겨자먹기로 자전거를 타고 시내까지 가 조그마한 구멍가게에서 어렵사리 생수를 구할 수 있었다.

그런데 이게 웬일? 돌아오는 길에 보이는 약수터…. 이걸 못 보고 지나쳤다니! 아무래도 이번 여행은 험난한 여행이 될 것 같은 느낌이다.

처음 해 본 냄비밥이지만 의외로 잘 지은 듯하다. 가스 사용량을 줄이기 위해서 일부러 많이 만들었는데 라면에 밥 말아먹기에도 안성맞춤이다. 대충 정리를 끝내고 후배랑 내일 일정에 대해 상의했다. 첫 캠핑이라 후배도 나도 들떠 잠이 오지 않겠지만 번데기처럼 침낭 속에 몸을 눕혀본다. 내일을 기약하며!

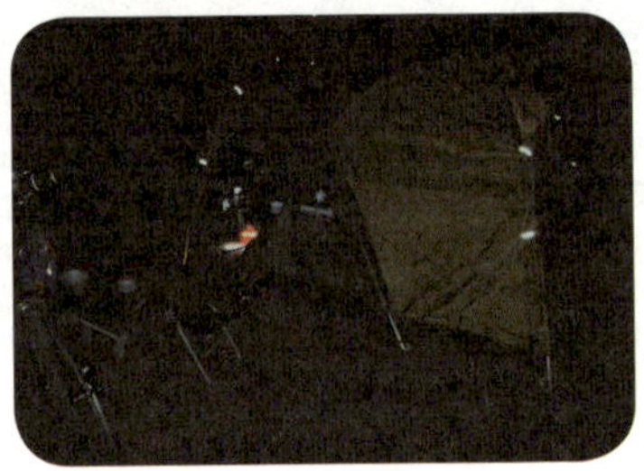

한강(2월 26일)

고난의 극복

2일차 - 충주

이동경로 : 65.5km

여주 → 충주

2014년 2월 26일 아침 7시. 몸을 움직일 수가 없다. 간밤에 누가 엎어가도 모를 정도로 푹 잠들어 버렸는데 몸이 말썽이다. 다리부터 머리까지 내 몸을 감싼 차가운 기운은 실로 예사롭지가 않았다. 어제 마지막으로 잠들었던 번데기 모습 그대로다. 으으…. 분명 어제 잠들 때만 해도 따뜻했다. 간밤에 무슨 일이 벌어진 걸까? 옆을 보니 역시 후배도 지렁이처럼 온몸을 꿈틀거리며 추위와의 전쟁을 벌이고 있었다. 조심스레 밖을 살펴보니 기겁하려야 하지 않을 수가 없었다.

"눈…. 눈 온 거야?" 새하얀 도화지가 눈앞에 펼쳐졌다. 감상에 젖어 눈꽃 세상을 바라볼 여유가 있으면 좋겠지만 현실 세계는 냉혹하기만 했다. 자전거 여행에 눈은 고난의 시작을 알리는 알람벨에 불과한 것이다.

춥고 힘들어도 인간의 배꼽시계는 어쩔 수 없는 모양이다. 밥을 하려고 준비하는데 겨울용 가스라고 산 것이, 젠장 불이 붙지 않는다. 날씨가 추워서 달궈지는 속도보다 차가워지는 속도가 빨랐던 것이다. 그래서 아침은 굶기로 했다. 아 행복의 여행은 어디로 사라진 것일까! 하늘이 버리지 않았는지 다행히도 온종일 괴롭힐 것만 같던 눈은 빨리 녹기 시작했다. 라이딩 하는 데에는 지장이 없을 거 같아 서둘러 여정을 꾸린다.

어제 잠들기 전 후배와 오늘 일정에 대해 논의했는데 후배는 여행을 포기하기로 했다. 우선 자전거가 문제였고 몸도 따라주지 않는다고 했다. 처음 여행을 도전했던 후배. 정신적으로나 육체적으로나 많이 힘들었을 텐데 징징대지 않고 첫 목적지까지 잘 따라온 것이 고마웠다. 덕분에 첫날밤을 외롭지 않게 지낼 수 있었다. 첫날에 너무 힘들어서 중도에 포기할까 하는 악마의 속삭임도 있었지만 후배 덕분에 여행을 지속할 수 있는 힘이 생겼다. 여러모로 후배한테 고맙다.

후배는 우선 타기도 힘든 자전거를 처분하기로 했다. 짐만 된다는 생각에 근처 고물상에 들렀는데 주인 아저씨는 자전거를 보시더니 그저 웃기

만 하신다. 아들이 자전거 가게를 운영해서 본인도 자전거를 잘 타고 있
는데 이런 자전거로 잘도 여기까지 왔다며 웃으신다.

하지만 현실은 냉혹한 법!
이내 사장님 자리로 돌아가
이거 꼭 자기가 사야 하냐고
이거 괜히 샀다가 일만 더 많
아진다고 말씀하시면서 사
기를 꺼려하신다. 적은 가격
으로도 팔아야 하는데 큰일
이다. '제발 사 주세요….' 하

지만 무언가의 힘에 이끌려 나도 모르게 판매자 입장으로 돌아가 흥정을
하기 시작했다. 그래서 얻게 된 고귀한 만 원짜리 한 장! 어제 영릉에서 참
배했던 세종대왕님을 여기서 뵙게 될 줄이야…. 세종대왕님 감사합니다.

그러나 시간이 없다! 터미널까지 배웅도 못해주고 후배랑 철물점 앞에
서 헤어진 후 다시 달리기 시작했다. 정신없이 한참을 달리던 내게 아침
눈을 잊기도 전 또 한 번의 고난이 찾아왔다. 급경사에 설치되어 있는 안
전을 위한 바리게이트(?)가 내 트레일러를 가로막았다. "아! 맞다. 이게 있
었지…."

예전에 이 길을 가봤던 기억
이 스쳐지나갔다. 그 당시에도
이런 걸 왜 만들어 놓은거야 하
며 뭐라뭐라했던 기억이…. 오
히려 밤에 자전거를 타다 저 녀
석 때문에 사고가 나게 생겼다.
라이더 사이에서두 악명 높은

길이다. 이 놈의 고질적인 탁상행정! 아무리 허공에다 욕해도 돌아오는 건 아무것도 없다는 것을 잘 알기에 주어진 현실을 극복해야만 한다.

"하아…. 이걸 어떻게 지나가지?"

근처에 도와줄 사람도 없었기에 우선 자전거에서 트레일러를 분리한 뒤 트레일러와 자전거를 들어서 넘어갔다. 바리바리 싸들고 온 짐을 포기할 수 없기에 돌아가면 내 자존심이 용납하기 않기에 허리가 부러질 거 같은 극심한 통증 속에도 결국 해내고야 말았다.

그러나 쉴 틈도 없이 두 번째 고난이 찾아왔다. 그건 바로 아침 눈으로 인해 축축하게 젖은 진흙길이었다. "명색이 자전거 도로면 아스팔트 좀 깔아놓지 …." 남한강을 따라 내려가다보면 자전거 길이 공원과 합쳐지

는 부근이 있는데 자전거 길이라기 보단 표지판이 그려져 있는 흙길이었다. 이게 눈을 맞으니 당연히 햇볕에 녹아 진흙이 됐지…. 나 말고도 지나간 사람이 있는지 자전거 타이어 자국들이 보였다.

초입부터 진흙과 씨름을 하며 달렸는데 끝이 보이지 않는 진흙길은 점점 갯벌처럼 푹푹 꺼지는 길로 바뀌며 나를 반겨 주었다. 주인도 못하는 머드팩을 자전거가 제대로 누린다. 머드팩이 끝난 자전거 샤워는 온전히 주인의 몫으로 바뀌겠지만 말이다.

간단히 허기를 때우고 앞으로 나아가기 시작했다. 미세먼지 때문에 뿌옇긴 하지만 뻥 뚫린 길이 시원스럽게 보인다.

경치 좋은 산길도 지나서 위험한 돌무더기 길을 지나니 세 번째 고난이 찾아왔다. 경사 10% 오르막길 870미터, 내리막길은 불과 100미터. 누군가 올라가는 길이 있다면 반드시 내려가는 길이 있다고 했는가? 달콤한 내리막길은 짧아도 너무 짧았다. 덜컹덜컹 비포장 도로는 날 댄스머신으로 만들어준다. 엉덩이가 들썩거려 짜증도 생기지만 이래저래 고난을 극복하니 드디어 충주가 보인다.

충주에 들어서니 새색시처럼 곱게 반기는 나무길과 잔잔이 흐르는 남한강의 불술기가 한데 어우러져 경치가 훌륭했다. 시내에 접어들어 곧바로 숙소(모텔)를 알아보기 시작했다. 일기예보가 좋지 않아서 야영을 하기에는 무리였고 피곤한 몸을 달래줄 아늑한 곳이 필요했다. 그렇게 찾아간 곳이 오슬로 모텔. 인심 좋은 사장님은 흔쾌히 시설 좋은 4인실을 싼 가격에 대여해주셨다.

모텔 밖으로 나와 정문 사진도 한 장 찍고 나니 주인아저씨가 오셔서 특실이 3층이라 짐 가지고 올라가기 힘들 듯해 못 빌려줘서 아쉽다며 말을 걸어 오셨다. 일반실 요금으로 지금의 방 주신 것만으로도 감사한데 혼자 여행한다고 챙겨주시니 황송한 마음까지 들었다. 아저씨께서 인심이 정말 좋으셨다.

주린 배 움켜쥐고 시장골목으로 가 보았다. 생각해 보니 오늘 제대로 된 식사를 하지 않았다. 춥고 배고프고 뭔가 된 기분이다. 거기서 만난 '젊음의 거리'. 젊음이란 소중하고 좋은 것이라 생각하며 안에 들어서니 연인들, 학생들이 많이 보인다.

배가 편안해야 젊음이란 무엇이다 예찬하겠지만 난 지금 배가 고프다. 일차원으로 돌아와 먹자골목부터 뒤진다. 급한 김에 우선 토스트 하나 입에 물고 모텔주인 아저씨께서 추천해주신 순대국밥집으로 향했다. 내가 어렸을 때 할머니께서 끓여주신 것 같은 구수한 맛! 역시 순대국밥은 할머니가 최고다. 프랜차이즈 가맹점의 정형화된 맛이 아닌 장인정신으로 이뤄낸 구수한 맛의 순대국. 순대도 실하고 맛있게 보였다.

　　허겁지겁 먹고 있노라니 옆 자리에 계시던 집배원 아저씨께서 여행 중이냐고 물어보신다. 밥을 숟가락에 산처럼 쌓아 입에 우걱우걱 집어넣어서인지 티가 많이 났던 모양이다. 점잖고 우아하게 먹을 상태가 아니다. 집배원 아저씨의 동생도 산이란 산은 다 넘고 다니는 여행 마니아라고 하신다. 막상 혼자 다니게 되니 말동무가 없어 외로웠는데 아저씨께서 따뜻하게 말을 건네 주시니 눈물이 앞을 가린다. 아저씨의 응원을 받으며 순대국밥을 다 먹고 할머니께 정말 맛있게 잘 먹었단 인사드린 후 가게를 나섰다.

"젊은이 고생이 많네 조심히 가~"
"번창하세요, 할머니~"

　　숙소로 돌아와서 자전거 상태를 체크해 본다. 미세먼지로 인해서 자전거 페달도 삐걱거리고 뒷샥도 삐걱거린다. 고난의 연속이었던 오늘! 자전서도 나와 함께 온몸으로 고통을 함께한 것이다. '어휴. 내일은 더 힘든 곳에 가야 하는데…' 푸념 섞인 걱정을 하며 자전거를 어루만져준다. 슈바이처로 빙의하여 힘껏 정비를 하고 온갖 걱정 한 가득 안은 채 나도 모르게 깊은 잠에 빠져버렸다. 집 나오면 고생이라더니…

문경새재

문경새재(2월 27일)
산 너머 산

3일차 - 문경 소야솔밭 캠핑장

이동경로 : 54.8km

충주 오슬로 모텔 → 문경 소야솔밭 캠핑장

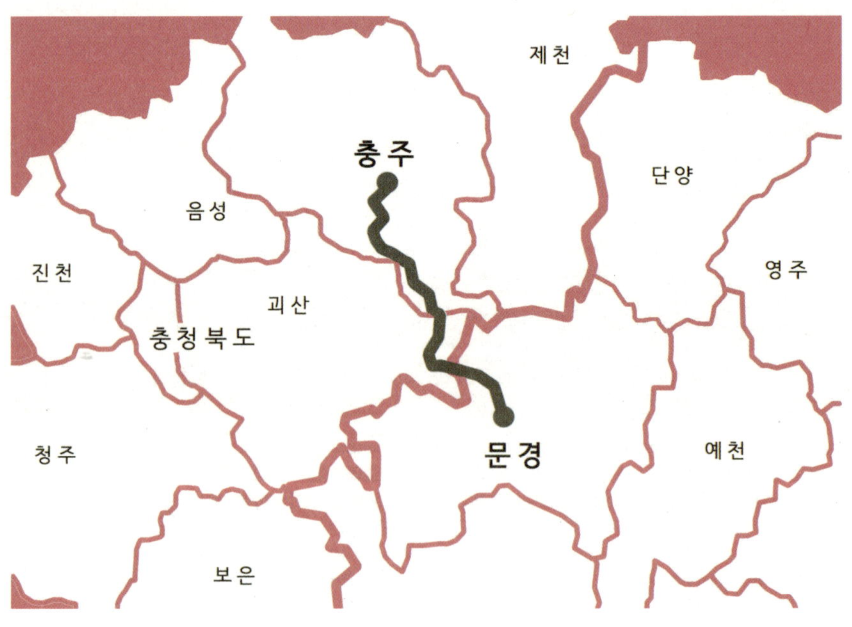

오늘도 어김없이 찾아온 아침. 따듯한 물에 몸을 녹이고 각종 기기들도 재충전하고 때아닌 호사(?)를 누린 덕분인지 몸도 마음도 상쾌한 여행 셋째 날이다. 인심 좋은 주인 아저씨께 문안 인사드리고 고마운 마음을 전달하려고 찾아보니 안 보이신다. 요즘 같이 퍽퍽한 사회에서는 찾기 힘든 '情'을 느끼게 해주신 주인 아저씨께 이 자리를 빌어 다시 한 번 감사의 말씀을 전한다. 계획한 여행을 하기 위해서는 갈 길이 바쁜 몸이니 감사 쪽지를 남긴 채 페달을 힘차게 굴려 재촉해 본다.

충주를 벗어나기 위해 차도를 따라 내려가고 있을 때 저쪽 반대편에서 나와 같이 트레일러를 끌고 있는 여행자를 만났다. 동지다! 전선에서 낙오하여 온갖 고생을 하다가 우연히 아군을 만난 듯한 기분이다. 반가운지 저 멀리서 손을 흔드는 아저씨의 모습이 보이다. 나도 모르게 덩달아 신나서 휘적휘적 크게 손을 흔들었다. 차들이 많이 다니는 넓은 도로다 보니 서로 손인사만 하고 따로 만나지 못해 아쉽기만 하다. 언젠가는 또 다른 동지를 만날 수 있겠지…. 여행의 참맛은 우연한 만남과 헤어짐이다.

아쉬움을 뒤로 한 채 자전거 길로 들어섰다. 자전거 도로라고 표지판이 보여 전용도로인줄 알고 은근히 기대했지만 산과 차도를 따라 옆으로 난 그냥 갓길이었다. 갓길에 자전거 표시가 그려져 있어 이곳이 자전거 길이구나 하는 것을 인지하는 정도다. 꼬불꼬불하고 갓길의 폭도 좁고 조명시설도 별로 없어 밤에 다니면 위험할 듯 하지만 지금은 구불구불한 롤러코스터를 타고 있는 것 같아 심심하진 않다. 산을 따라 수숩게 들이았다 나갔다를 반복하는 햇살을 만끽하며 라이딩을 슬기는 것노 나쁘지 않다고 생각한다. 공기가 맑고 쾌적하니 오늘따라 바람도 향기롭다.

대자연의 기운에 취해 달리다 보니 어느덧 수안보에 도착했다. '수안보 온천'으로 유명한 곳이다. 청산유수 신선놀음이라도 하고싶은 마음이 굴 뚝같기만 하다.

마음은 이미 산으로 가 있는데 정작 찾아오는 건 현실이다. 지금까지 피로 누적이 된 무릎이 말썽부리기 시작한 것이다. "오늘 이화령을 넘는 건 포기해야 하나…."

결국 수안보에서 숙소를 잡고 쉬자는 생각을 하고선 우선은 온천부터 찾았다. 처음 와 보는 곳은 역시 지역주민이 추천해주는 곳이 짱이다. 혼 자 이곳 저곳 기웃거리지 말고 추천해주는 장소로 한번에 가자는 생각을 하고서 근처에 있는 지역주민이 운영하는 관광소개소로 갔다. 근처 맛있 는 맛집 추천도 받고 따끈한 물이 기다리는 온천 추천도 받았다.

자전거를 접어 트레일러 위에 올린 뒤 끌 고 온천스파 카운터로 들어가니 친절한 직 원분이 반갑게 맞아주신다. 프론트에 안전 하게 애마를 맡긴 후 온천 안으로 들어가니 가족 단위로 많이 오는지 아이들도 많고 어 르신들이 많이 계셨다. 한 시간 정도 따뜻

38

한 물로 무릎찜질을 하니 비로소 통증이 사라졌다. '오늘은 여기서 묵을까?' 탕에 들어오니 엉덩이에 자석이 박혔는지 일어서기가 쉽지 않다. 자칫 잘못했다간 쭈글쭈글하고 퉁퉁 불어오른 살들을 맞이할 뻔한 나를 일으킨 건 연료 충전해달라고 재촉하는 허기였다.

점심시간이 다 됐기에 수안보에서 유명하다는 꿩요리를 먹으러 갔다. 아까 관광안내소에서 소개해주신 음식점으로 출발! 내 자전거 여행의 목표는 전국일주이기에 앞서 힐링을 위한 관광이니까 꿩요리를 모른 채 지나칠 순 없었다. 일상에서는 좀처럼 찾기 힘든 요리인 만큼 식도락의 즐거움을 느끼고자 반사적으로 음식점 안으로 들어갔다. 메뉴판을 확인하니 꿩요리 정식은 혼자 먹기에 양도 많고 비쌌다. "혼자 다니는 것도 외로운데 밥 먹는 것마저 외롭게 하는구나!" 혼자 먹을 만한 걸 찾아보니 꿩만두가 있어 시켜먹었다.

기다리는 동안 지루하여 셀카도 하나 찍고 만두가 나오자마자 잽싸게 또 찍고…. 우리 민족은 기록의 역사라지! 레어 아이템 꿩만두라 특별히 요 녀석도 사진찍기에 동참한다. 음식의 가장 중요한 맛은 일반 만두와 큰 차이가 없었다. 간혹 꿩 뼈가 나와서 발라놓느라 이게 꿩이 들어간 것은 맞구나 알 수 있을 정도다. 꿩이라고 하기에 뭔가 색다른 맛을 기대했던 나는 아쉬움을 금치 못했다. 차라리 뼈라도 발라서 만늘어주지,

밥도 먹어서 체력도 충전되고, 무릎도 아프질 않으니 힘내서 나아가기로 했다. 이제부터 고난의 행군이 시작된다. 과거 한양에서 경상도로 가는 중요한 길목에 위치한 문경새재를 찾아 떠나는 여행길. '새재'라는 이름에서 알 수 있듯이 이제는 정신차리지 않으면 안 되는 산길이다. 한강과 낙동강의 중간지점이다 보니 이미 강을 벗어난 지 오래다. 그동안 나

와 함께했던 강물이 새삼 그립기만 하다. 가는 길에 염소를 방목해서 키우는 걸 보게 되어 사진을 찍었다. '애들은 안 도망가려나?' 어쩌면 염소도 나와 같이 먼 여행을 하고 싶을지도 모른다. 그나마 우리에서 사육되는 경우보다는 낫겠지. 자유란 좋은 것이여~

한참 달려가는데 갑자기 경사가 나타났다. 벌써 이화령인가? 위치상 이화령이 아니란 것을 알았지만 차라리 이화령이었으면 좋겠다는 생각이 자꾸 든다. 헉헉…. 약 6km 정도의 오르막길을 모터 배터리를 최대한 아껴야 했으므로 최소한의 출력으로 페달링하여 올라왔더니 다리가 후들후들거렸다. 다리가 후들거리는 것까지는 괜찮았으나 문제가 발생했다. 무릎이 다시 아파오기 시작한 것이다. 결국 어쩔 수 없이 야영을 하기로 결정하고 주위 캠핑장을 검색했다.

근처 무료캠핑장이 있어 올레! 하고 기쁜 마음으로 찾아갔다. 하지만 관리하는 사람이 없었다. 문 앞에 붙여 있던 3만 원이라는 문구를 보고 돈을 문 앞에 지불하고 캠핑할까도 생각했지만 그건 무리인 거 같고 해

40

가 뉘엿뉘엿 지고 있어 다른 곳으로 나아가야 했다. 아직 야외취침 스킬은 부족하니 말이다.

"위치상 곧 이화령이 나올 거 같긴 한데…. 아직 시간은 충분하니 넘어 보기로 하자." 혼자 다니다 보니 혼잣말하는 습관이 생겨 허공에 얘기하곤 한다. 이래서 '사회'가 중요한 거구나. 아픈 무릎을 위해 비상용으로 배터리 챙겨 온 것이니까 지금은 쿨하게 나의 폴브롬톤*을 믿어보기로 했다.

사람도 없고 한적한 길을 유유자적 달리고 있자니 많이 보던 빨간 전화부스 같은 게 보인다. "지도상 이런곳에 스탬프 찍는 곳은 없는데?" 내가 가지고 있는 자전거 패스포트를 열고 한참을 찾아보았지만 '행촌교차로'라고 하는 곳은 없었다. "혹시 수첩이 또 업데이트 됐나?" 자전거 여행길이 점점 늘어남에 따라 스탬프 지역도 늘어나기 마련인데 구 버전의 수첩을 가지고 있는 사람들의 경우 새로 생긴 스탬프 지역에 관련된 정보가 누락된 것이다. 이런 경우 가까운 인증센터에서 수첩을 업그레이드 받는 방법이 있는데 아무래도 마지막 업데이트 받은 날로부터 또 한번 업데이트 되었나 보다.

인증 도장도 찍고 또 그렇게 아픈 몸을 재촉하며 달리고 달린다. 본격적으로 이화령에 접어들고 있는 느낌이었다. 이제 야비한(?) 모터만이 나의 유일한 살길이다.

그래도 제때 도작할 수 있을지 혹시나 걱정돼 아픈 무릎으로 페달링을

---

* 미니벨로 브롬톤에 전동킷 폴킷을 달아 붙인 합성어.

겸하며 올라갔다. 여행을 떠나기 전 자주 남산을 올랐던 내겐 이화령도 오를 수 있다는 자신감에 가득 차 있었지만 가도가도 끝이 안 보이는 오르막길에 좌절감마저 들기 시작했다.

중간에 야생통로가 보였다. 매 같이 생긴 것도 날아다니고 다람쥐도 밟을 뻔하고 이러다 멧돼지까지 나오는 거 아니야? 그런데 다람쥐는 내가 오는 소리를 못 들은 건가? 밟히기 직전에 내가 다람쥐를 발견하곤 깜짝 놀라 소리치니 그 소리에 도망갔다. 정말 1cm 차이로 안 밟았달까? 땅에 붙어서 꼼짝 않고 있으니 나도 미처 보지 못하고 밟기 직전이었다. 끔찍한 로드킬을 할 뻔한 상황을 모면한 후 생각해 보니 다람쥐가 원망스러웠다. 닭둘기 같은 다람쥐 같으니…. 사람을 무서워하질 않는구만!

올라가는 동안 옆으로 차들이 몇 대 지나갔다. 가족단위로 놀러오신 분도 계시는지 중간중간 고개를 올라가는 쉼터에 차를 세워두고 경치구경하는 분들도 계셨다. 겉으로는 그분들께 웃으며 올라갔지만 속으론 부러웠다. 가끔 봉고차가 올라가면 히치하이킹 하고 싶은 심정이었으니깐…. 입 안에서 쉰내가 날 때쯤 드디어 이화령 정상에 도착했다. 숨은 가슴 턱까지 차오르고 다리는 후들후들거려 서 있기도 힘들었다. 잠시 숨을 고르며 앉아있다가 지나가는 등산객에게 부탁해 사진을 한 장 찍었다. 그리고 가장 중요한 종주 도장*도 찍었다.

---

* 전국의 강을 따라 나 있는 자전거도로 인증 스템프. 그중 이화령은 국토종주코스 인증도장이 놓여 있다.

근데 사진을 어떻게 찍음 이렇게 숏다리로 보이게 찍는 거지? 나 숏다리 아닌데! 사진 찍어 주신 분께 감사하지는 못할망정 구시렁대는 나였다.

배터리의 성공이자 내 의지의 성공! 무사히 이화령에 당도하였지만 나의 무릎은 이미 감감 무소식이다. 국토종주 완료 기쁨도 잠시. 빨리 내려가서 숙소를 찾아야만 했다.

이번에 반대로 끝이 안 보이는 내리막길! 올라갈 때는 혼자였지만 내려갈 때는 오토바이를 타고 계신 할아버지와 그 뒤에 타고 계신 할머니와 함께였다. 할머니께서 할아버지를 꼭 붙잡고 계셨다. 황혼의 사랑! 서로가 서로를 의지하는 노부부를 바라보고 있자니 나도 모르게 뒤에서 흐뭇한 미소가 지어졌다. 할아버지는 뒤에 계신 할머니가 위험하지 않도록 저속으로 내려가고 계셨다. 나도 그 뒤를 저속으로 내려가며 따라갔다. 할머니께서 자꾸 뒤돌아보며 웃으셨다. 나도 같이 웃고 !

내리막길이 끝나니 휴게소가 나왔고 그 옆에 문경의 특산품인 사과판매점이 보였다. 우아! 꼭 먹어봐야 해! 언능내려서 들어가니 아주머니께서 여행 온 거냐고 물어보신다. 아하하…. 이놈의 여행포스…. 절뚝기리는 몸을 이끌고 사과 하나도 파냐고 물어보니 판다고 하신다. "제가 현금

이 없는데 카드로 되나요?"라고 물어보니 아주머니께서 웃으시면서 사과 두 개를 손에 쥐어주신다. 여행 안 다치게 조심하라고 그냥 주는 거니까 맛있게 먹으라고 하신다. 감격하여 나도 모르게 90도 폴더인사가 나왔다. 인심 정말 좋다! 감사합니다!

정이 듬뿍 담긴 꿀맛 같은 사과를 먹고 나니 어렵지 않게 근처 소야솔밭 캠핑장에 도착할 수 있었다. 역시나 아직 캠핑하는 사람들이 없어서 나 혼자만 덩그러니 텐트를 쳤다. 이 구역은 이제 내가 접수한다.

냇가도 있고 경치가 좋은 캠핑장이지만 시설관리가 소홀했던지 물도 나오지 않고 더럽다. 그래도 첫날에 겪은 일이라 준비를 해 두었지! 오늘은 낭만을 즐기고 싶어서 럭셔리(?) 하게 저녁을 준비했다. 아까 얻은 사과와 헤이즐넛향 커피 그리고 첫날 일부러 많이 해놨던 밥과 라면! 이 정도면 혼자 하는 여행에서는 사치다.

식사를 끝마치니 어두컴컴한 밤이 찾아온다. 밤이 되니 기온은 더욱 내려가고, 주변이 어둠에 잠식당해 앞이 보이지 않게 되자 운치 있던 냇가는 음산해졌다. 물귀신이라도 기어나올 듯한 두려움이 엄습해오기 시작했다. 잡지나 여행기에 나오던 낭만적인 캠핑은 무슨! 공포 그 자체였다. 두려움을 이겨내기 위해 가져온 게임기를 켜고 소리를 최대로 올렸다. 한참을 게임 삼매경에 빠져 있던 나는 서서히 무의식의 세계로 빠져들었다. 멧돼지가 습격하지는 않겠지?

문경새재(2월 28일)

혼자 그리고 함께

4일차 - 상주박물관, 구미

이동경로 : 99.6km

문경새재 소야솔방울캠핑장 → 구미시

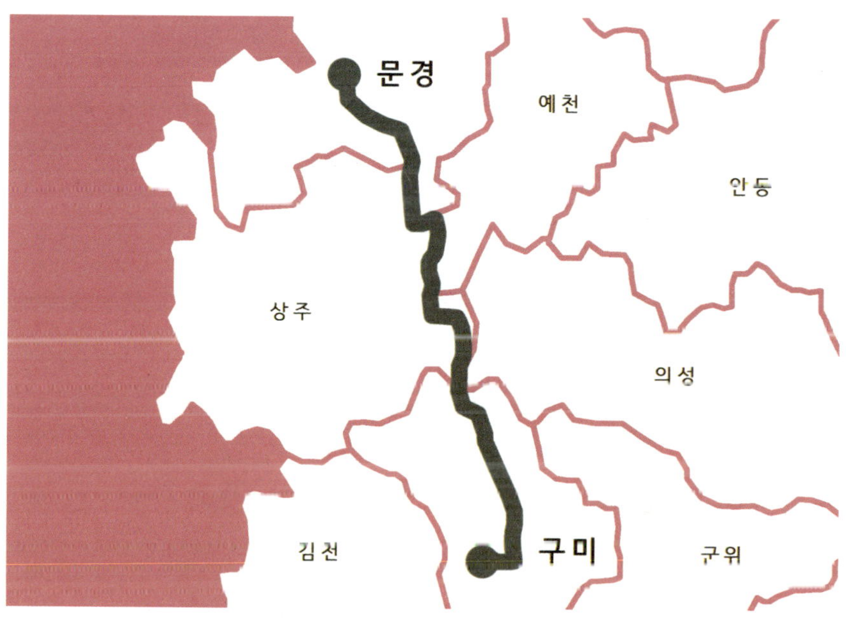

새벽 4시. 푸슈슉~퍽~ 어제 그토록 긴장하게 만들었던 멧돼지가 습격해 온 것일까? 머리가 쭈뼛쭈뼛, 공포가 엄습해온다. 다행히도 바람부는 소리다. 정말! 혼자 여행을 하는 바람에 이것저것 쓸데없는 걱정이 더 생긴 것 같다. 바람 불 때마다 깜짝 놀라서 일어나고 다시 자고 그러기를 반복. 선잠에 새우잠까지 잤지만 기상 시에는 온몸이 멀쩡하다. 오히려 컨디션이 최고조에 다다른 듯하다. 뭐 아무렴 어떤가? 야영도 이제 슬슬 적응해가는 단계인 듯하다. 오늘도 일단 아침은 저 멀리 패스다. 그리고 보니 여행하면서 아침식사를 자연스럽게 거른다. 배가 든든해야 힘내서 여행을 시작할 텐데 이상하게 일어나면 배가 고프지 않으니….

신나게 달리던 도중 약수터가 눈에 보였다. 우선 어제 밥을 짓느라고 비우게 됐던 생수통에 물을 채워 넣었다. 자주 물을 채워놓으니 물값이 안들어서 좋다. 시원하게 물 한 바가지 들이켜니 캬~ 감탄사가 절로 나온다. 설악산 오색약수 같은 청량감은 아닐지라도 체력을 소모한 후 재충

전하는 물맛이란 정말 꿀맛 같은 것이다. 아침을 물배로 채우는 거 같아 꺼림칙하지만 두둑하게 수분을 채웠다. 나를 채워주는 음료 진남약수~

다시 라이딩 고고씽! 문경의 마지막이라 할 수 있는 문경 불정역 인증 스탬프에 도착해 아침 겸 점심을 먹기로 했다. 그런데 여기서 상상조차 하기 싫은 실수를 저지르고야 말았다. 코펠에 물을 넣는 도중 물을 흘려서 버너에 물이 들어간 것이다. 흠뻑 젖어버린 버너는 애석하게도 불이 붙지 않았다. 한참을 앉아 불 켜는 것을 반복하다 지친 나는 결국 밥 해먹는 걸 포기했다. 아~ 하늘이시여! 저에게 어찌 가혹한 시련을 주시나이까!

다행히 어제 받아둔 사과가 하나 남아 있었기에 망정이지 쫄쫄 굶을 뻔했다. 꿀사과라는 표현은 지금이 적절한 타이밍! 문경사과 홍보대사 제의가 들어온다면 하게 될지도….

간단힌 연료 충진 후 그렇게 달리고 날리고 또 달리고 잊지 못할 광활한 농경지를 계속 달린다. 한 20km를 이 논밭만 보며 달린 거 같다. 시골 특유의 내음에 정신이 아찔해진다. 음 비료 스멜~ 슬슬 근육이 당겨오고 정신마저 취하고 배고픔도 밀려오고 같은 풍경을 계속 봐 그런지 눈도 이상해진 듯 싶어 쉬어가기로 결정했다. 자전거에서 내려 다리 마사지를 하며 식기구를 주섬주섬 꺼낸다. 이제 버너는 잘 돌아가겠지?!

슬슬 류현~ 진라면은 지겹다. 너무 지겹다.

20개 들이 한 박스를 구매한 내가 어리서었다. 깊은 후회기 밀려왔지민 오늘은 특식을 먹기로 결정!

집에서 바리바리 싸들고왔던 마법의 분말스프들을 하나둘 꺼내본다. 이럴 줄 안고 준비해왔지! 곳 초이스가 분명하디. 뭐 먹을지 고민하다가 그래 겨울철에는 따끈한 설렁탕이 최고지·· 설렁딩 스프에 고기 내신 햄을 넣고 밥을 넣어서 맛있는 설렁탕국밥을 만들어 먹어야지!라고 하고선 습관적으로 본능적으로 라면을 넣어버렸다. 망했다! 잘못된 식습관이란 참 무서운 것이다. 결국 또 라면을 먹게 되는구나.

기대는 하지 않았지만 얼추 완성한 이른바 설렁탕면햄밥! 의외로 맛이 기가막혔다. 생각 외로 요리에 소질 있나 보다. 본의 아니게 새로운 특기를 발견하게 되었다. 허겁지겁 먹고 있는데 앞쪽에서 자전거 한 대가 오는 게 보였다. 배고프신지 부러운 눈빛으로 쳐다보며 지나가셨다. 마음속으로 '함께 먹어요'라고 소리쳤지만 소심한 내 성격 탓에 막상 입 밖으로는 나오질 않았다. 혼자 여행하다 보니 사람 볼 때마다 얼마나 반가운데 말이 안 나오다니….

맛있는 식사를 하고 나니 기운이 생기기 시작한다. 한국인은 역시 밥심이다. 힘차게 페달을 돌리니 끝이 안 보이던 농경지길이 서서히 끝나갈 때쯤 낙동강에 진입하기 시작했다.

여행 시작한 지 4일차인데 벌써 한강과 문경새재를 지나 낙동강에 진입했다 생각하니 가슴속에서 무언가 꿈틀거린다. 이런게 바로 성취감 아닐까? 기쁨도 잠시 마주하게 된 언덕…. 이화령에서 언덕은 끝인줄 알았는데 웬걸 이화령 울고 갈 정도의 경사였다.

해도해도 너무한 경사였다. 처음은 겨우 어찌어찌 타고 올라갔으나 곧이어 나온 경사는 답이 없었다. 끌바를 해도 내가 도리어 자전거 무게에 뒤로 밀리는 상황이 되어버린 것이다.

다행히 내 브롬톤은 폴브롬이라 뒤로 굴러떨어질 뻔한 위험은 사라졌다. 한참을 끌바로 올라가서야 언덕은 끝이났고 정신적 지주, 마음의 안식처인 배터리도 같이 사망하셨다. 배터리가 있을 때는 믿고 맘편히 달렸지만 배터리가 없으니 체력이 바닥나면 낙오할지도 모른다는 두려움이 몰려오기 시작했다. 설상가상으로 자전거 길이 안 보인다. 길을 잘못 들어서고 있던 것이다! 굳이 자전거 길로 가지 않아도 되는 전국 여행이건만 왜 이리 마음이 불안하고 촉박한지 모르겠다.

지도를 보며 이리저리 돌아다니길 한참. 우여곡절끝에 자전거 길을 찾아내 상주 자전거박물관에 도착했다. 자전거 마니아로서 그냥 지나칠 수 없었던 상주 자전거박물관. 외관이 굉장히 크고 깔끔했다.

특이한 모양을 가진 가전거, 평상시 자주 접할 수 있는 자전거, 자전거의 역사를 한눈에 알아보게끔 전시가 잘되어 있다.

취향은 아니지만 이명박 전 대통령이 탔던 자전거도 있었다. 금장을 두른 자진거, 자전거 내회에서 봤던 키다리 자전거도 있었다.

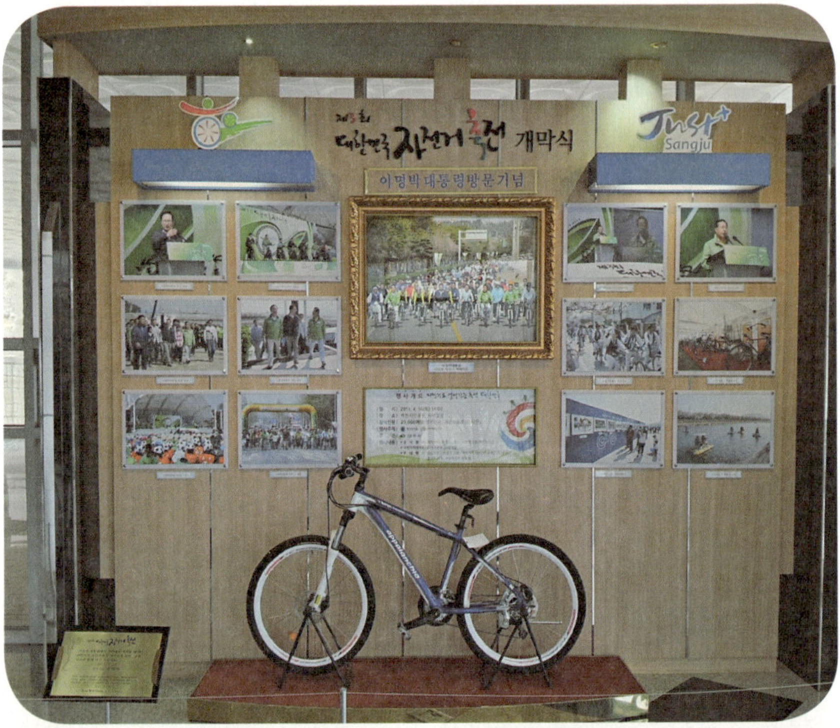
제3회
대한민국 자전거 축전 개막식
이명박 대통령 방문 기념
Sangju

드라이지네
DRAISIENNE

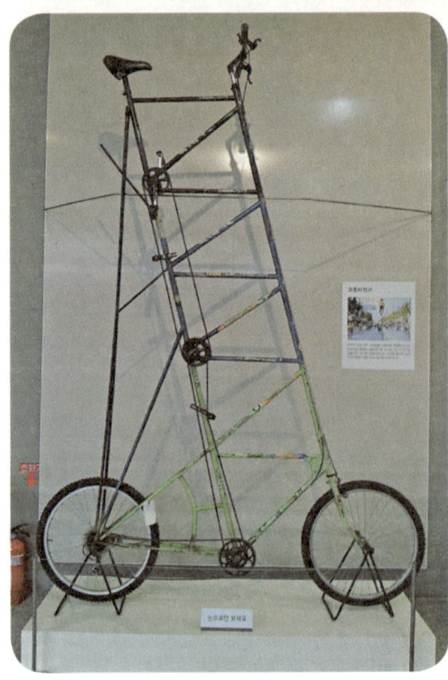

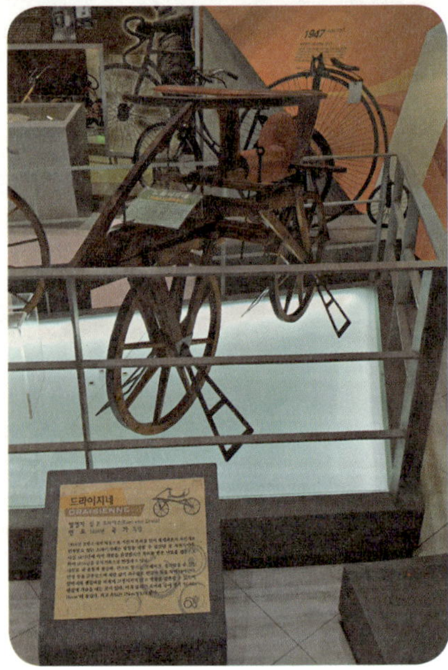

볼 때마다 느끼는 거지만 이 자전거는 무슨 재미로 타는 걸까 싶다. 위에서 내려다보는 재미로? 행여나 떨어질까 조마조마하는 스릴로? 개개인의 취향은 다르지만 궁금한 것은 어쩔 수 없다.

혼자 다니면 내 사진을 찍기가 쉽지 않다. 거울이 있어서 용기를 내어 사진도 찍어본다. 기록하는 것은 소중하면서도 즐거운 일이니까!

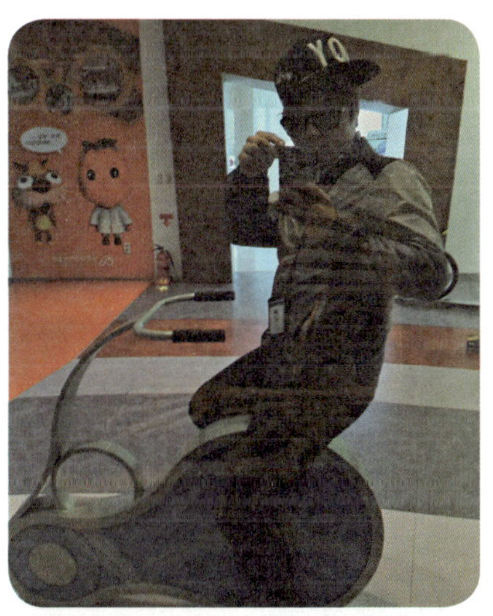

자전거를 타는 바른 자세

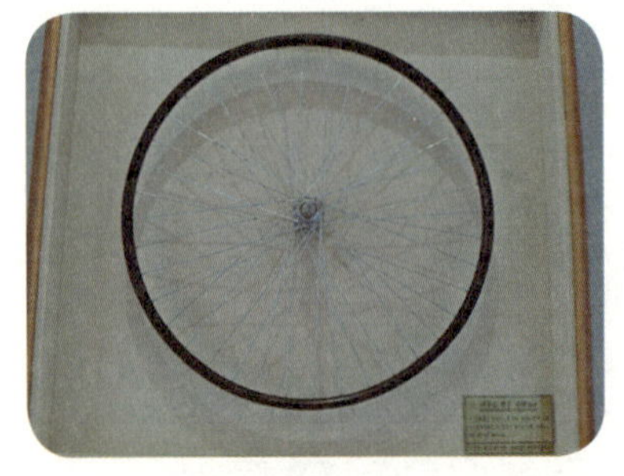

마지막으로 나무로 만든 림을 구경하며 박물관 밖으로 나왔다.

무료로 자전거를 대여해줘서 가족단위 관광객도 눈에 띄었다. 그중 리컴번트*도 있었는데, 타보고 싶었지만 아이들용이라 꾹 참았다.

박물관을 나와 별다른 무리 없이 상주보에 도착하니 이곳에는 인증센터가 운영되고 있었다.

드디어 새재종주 인증을 받게되는 감격스런 순간이 오고야 만 것이다. 들뜬 마음으로 한걸음에 센터로 가니 직원분이 안 계신다.

"어디가신 거지? 설마 오늘 안 하는 날인가?" 혹시나 싶어 이곳저곳 기웃거리니 전화번호 하나가 있었다. 다행히 직원분은 식사하러 가셨다고 한다.

자전거 길 인증센터마다 쉬는 날이 정해져 있으므로 그날은 피해주는 게 좋다. 그 지역사람이면 몰라도 나는 여행자이다 보니 날짜를 정확히 맞추기 힘드니까 그냥 가보고 나서 없으면 다음 인증센터로 가면 그만이라 생각했기에 굳이 휴일을 확인하지 않은 것이다.

* 흔히 누워서 타는 자전거라고 알고 있는 2륜, 3륜 자전거.

잠시 기다리니 곧 직원분이 돌아와 새재종주 인증을 해주셨다. 노란색 새재종주 인증 스티커가 실로 감격스러웠다.

다음은 낙동강이다. 컨디션이 좋아 오늘은 주행거리 60km를 훌쩍 뛰어 넘고 있었다.

참! 여기서 많은 분들이 질문하시는데 낙동강종주길에는 새재 자전거 길에서 나오자마자 부산으로 가는 방향과 안동으로 가는 길, 두 갈래 길로 나뉜다. 낙동강이 안동댐에서 부산까지 연결되어 있다 보니 길이 이렇게 세 갈래 길이 되어버린 건데 문제는 여기서 발생한다.

국토종주를 위해 서울에서 부산, 또는 부산에서 서울로 가는 분들이 많이 혼란스러워한다. 국토종주 인증을 받기 위해선 가던 길을 중간에 멈추고 빠져나와 안동댐을 다녀와야 하는가 하고 말이다. 이 길이 짧다면 큰 고민은 없을 테지만 이게 만만찮게 긴 길이다. 총 66.5km의 길이라 다시 국토종주길로 돌아오기 위해서는 130km라는 길을 달려야 한다는 소리다. 지금까지 내 여행의 하루 평균 주행거리를 감안하면 이틀이나 소요된다.

그렇지만 걱정하지 않아도 된다. 안동댐까지 낙동강 종주는 국토종주의 부록 같은 그런 느낌으로 보면 된다. 낙동강만 종주할 경우 안동댐은 꼭 찍고 와야 하는 곳이지만 국토종주 시에는 돌아갔다 와야 하는 번거로움을 없애주기 위해 안동댐을 세외해도 인승해순다.

그래서 안동댐은 기회가 생기면 다음에 정복하기로 하고 곧바로 부산으로 향했다.

또 그렇게 한참 날리는데 누가 뒤에서 소리친다. "어디서 오셨어요?"

로드를 타고 옆으로 따라붙어선 훈남은 서징길 라이너나. 나이는 나보다 한 살 많은 형이있는네 안동냄에서 부산으로 낙농

강 종주 중이라고 했다. 서로 여행길에 마주친 거라 반가워 사진도 찍고 이런저런 애기도 나눴는데 브롬톤을 알아보고는 브롬톤으로 여기까지 온 거냐며 놀라워했다. 아무래도 내 속도를 맞춰 가기에는 로드가 빠르니 먼저 가라고 권했는데 잠시 다른 곳을 본 사이 휑하니 사라져 버렸다. 역시 속도 차이란…. 앞으로 나아가니 익숙한 사람이 보인다. 여유로움 속에서 정길 씨가 쉬고 계신 것이었다.

"또 만났네요?" 반가운 마음을 표현해 주신 건지 내 손에 마이쮸를 4개 쥐어주었다. 오는 정이 있으면 가는 정이 있어야 하는 법! 진라면 함께하겠냐고 권했지만 배고프지 않다고 하신다. 진라면을 없앨 수 있는 좋은 기회였는데 쳇 ~ 간파당한 듯하다.

정길 씨는 이틀 안으로 낙동강 종주를 꿈꾸고 있다며 먼저 출발했다. 이 먼 거리를 이틀 만에 정복한다고 하다니 역시 로드는 빠르구나 싶었다. 구미에서 숙박한 뒤 다음 날 부산까지 간다고 했다. 나의 당초 예정은 구미까지 못 가면 텐트 치고 자려고 했는데 왠지 구미까지 가고 싶어졌다.

악으로 깡으로 허벅지가 아프도록 페달질을 해서 결국 약 100km를 달려 구미 입구에 도착했다. 트레일러를 뒤에 끌고 온 걸 감안하면 내 다리가 놀랍기만 하다. 구미로 들어가는 다리 앞에 서서 숙박할 곳을 찾으려고 지도를 보고 있는데 뒤에서 누가 소리친다.

"벌써 앞으로 가셨어요?" 정길 씨다. 한 번 만나면 우연 2번째는 인연 3번째는 필연이라더니…. 근데 남자가 필연이라니….

필연인 우리는 결국 저녁을 함께하기로 결정하고 구미 시내로 진입했다. 트레일러가 있어 속도가 느리고 부피가 좀 있는 내가 앞으로 달리고 뒤에서 정길 씨가 안전하게 보호해주니까 든든한 기사(Knight) 같았다.

닭갈비를 먹기로 하고 음식이 익기를 기다리는 동안 이런저런 대화를 주고받았는데 직업이 요리사라고 한다. 이 남자…. 은근히 멋있다. 나도 설렁탕면햄밥 만들 줄 아는데….

든든히 배도 채웠고 이렇게 만난 것도 필연이니 모텔도 함께 가기로 했다. 므흣한 상상을 하신다면 큰 오산! 물론 각방이니 말이다. 전국 모텔 사이트 회원인 내 덕분에 정길 씨도 할인받게 되어 좋아했다. 이것도 오해 마시라. 업무차 그저 순수히 업무 때문에 회원가입을 한 것이니 말이다. 아무튼 동성과 모텔에 같이 오니 기분은 이상했다.

내일은 대구까지 갈 예정이지만 일기예보에 비가 온다고 한다. 구미에서 하루 더 있어야 되는 거 아닐지 걱정이 이만저만…. 대구까지 가서 비가 왔음 좋겠는데…. 하늘의 뜻을 나약한 인간이 어찌 알 수 있을까?

Guest Talk

박인혁(21세) - 대학생

Q 자전거 여행을 하게 된 계기

A 다들 대학생활을 즐기고 있을 스무 살 때 재수를 하게 되어 즐기지 못한 날을 지금이라도 즐겨 보자라고 생각하던 중 형이 자전거 여행을 한다는 소리를 듣고 '대학 들어가기 전에 한번 도전해보자. 지금이 아니면 이런 기회를 잡을 수 없어'라는 생각에 일단 해보자 하고 자전거 여행에 도전을 하게 됐습니다.

Q 이번 여행으로 느낀 점

A 이번 여행은 대부분 제환 형한테 의존해서 미안하다는 생각이 들고 어떤 일이든 사전준비가 필요하다는 걸 절실하게 느낀 거 같아요 아무 생각 없이 초코바와 옷, 침낭, 10년을 써서 고철 수준이 된 자전거를 가지고 나머지는 형이 준비한다고 했으니까 준비는 끝일까란 무책임한 생각을 가지고 무작정 여행을 했다는 게 지금도 후회됩니다. 다음에는 철저하게 준비해야겠다는 걸 느꼈고, 즐거운 추억을 만든 것 같아서 만족스럽기도 하네요.

Q 다시 한 번 도전해보고 싶다면? 각오!

A 이번 여행은 후회가 많아서 다시 도전해보고 싶어요. 자전거도 좋은 걸로 새로 사고, 좀 더 운동해서 체력을 키우고 다음에는 준비를 철저하게 하고 이번보다 더 길게 더 멀리 가보고 싶어요.

Q 자기소개 부탁해요.

A 저는 배재대 관광과에 다니고 대학생입니다. 책에 글이 실리는 게 처음이라 뭔가 긴장되네요. 화려한 경력도 없어서 심심한 자기소개가 될 것 같아요. 자랑할 만한 건 전국 발명대회에서 은상을 탄 거 정도인 평범한 대학생이라 소개할 게 없다 보니 형이랑 만나게 되었던 계기를 이야기 해볼까 합니다.

중학교 시절 펑크패션에 빠져서 지내던 중 형이 운영했던 쇼핑몰 오프라인 판매를 우연히 발견하고 귀걸이를 사게 되었습니다. 그때 받았던 명함으로 쇼핑몰을 알게 된 후 만화행사에 갔다가 오프라인 판매를 하는 걸 보게 되었고, 쇼핑몰 회원으로 인사를 하게 되었습니다. 첫 인상은 재미있는 나사 풀린 젊은 사장님이었습니다. 상품가격을 끼먹이시 매니저 누님께 의존한다든가 회원이 가격을 더 잘 알아서 대신 장사를 하고 있다든가 이런 모습이라 썩 믿음직스럽진 못했지만 가족같은 분위기의 숍이었습니다.

오래 알게 되다 보니 여러 모습을 볼 수 있었는데, 그중 하나가 일할 때만 사람 바뀐 듯이 능력 있는 기획자로 변신하는 카멜레온 같은 재미있는 형이었습니다.

낙동강

낙동강(3월 1일)

기분 좋은 사람들

5일차 - 대구

이동경로 : 53km

구미시 → 대구 친구 매장

어제 저녁 숙소에서 자전거 정비를 하고 있는데 옆방에서 정길 씨가 찾아왔다. 앞바퀴에 실펑크가 나서 연장을 빌리러 왔던 것이다. 이젠 서로 연장도 주고 받는 사이일 만큼 가까워졌다. 심심하면 놀러오겠다고 웃으면서 떠난 그였지만 피곤한지 잠이 들어버린 듯했다. 기다림에 지쳐 나도 모르게 스르르 눈을 감았다.

텐트에서 쪽잠을 잤던 것과 달리 온돌방에서 숙면을 취해서인지 눈을 떠보니 아침 10시다. 생각보다 너무 긴 시간을 잤다. 정길 씨는 아침 일찍 출발한다 했으니 이미 떠나고 없을 것이다.

샤워를 마치고 냄비를 닦는데 주방세제를 깜빡하고 챙기지 않아서 치약으로 닦아버렸다. 군대에서 온갖 세척의 만능 아이템 치약! '치약미싱'이란 용어도 있듯이 뭐 입안 닦는 거니 똑같이 잘 닦이겠지….

폰을 보니 여러 연락이 들어와 있다. 그중 같은 동호회 오카리나 님 연락이 눈에 띈다. 구미에 있다면 만나자는 데이트 신청이었다. 유부남에게 데이트 신청이라니! 설레는 마음(?)으로 연락하여 약속 시간을 잡았다. 왜 자꾸 여행 중에 남자만 만나는 거지! 이상한 오해는 하지 말자.

배가 고프니 우선 맛있는 밥을 먹으러 나갔다. 구미에는 유독 국밥집이 많다. 이 중에서 선택한 것은 돼지국밥~ 겨울에는 역시 국물이 끝내주지.

거의 나 먹어갈 때쯤 오카리나 님이 도착했다.

한 번도 만나 뵌 적은 없지만 저 멀리서 오는 모습이 '나 오카리나입니다.'라는 포스가 풍겨와 인사드렸다. 어떻게 알았냐면서 놀라셨다. 웃음이 넣고 활발하게 활동하시는 오카리나 님. 내가 만들었던 '반체어*'를 구매하셨던 분으로 덕분에 딸과 좋은 추억 만들고 있다고 고마워하셨다. 나도 누군가에게 도움을 줄 수 있구나! 여러 사람들이 잊지 못할 소중한 추억 쌓을 수 있게끔 서울로 돌아가면 더욱 노력해야겠다고 다짐했다.

* 미니벨로 브롬톤을 2인승으로 업그레이드 시켜주는 탈부착형 보조 안장.

국밥을 다 먹으니 구미 구경을 시켜준 다고 하기에 승용차에 트레일러와 브롬 톤을 실었다. 우선 첫 번째로 간 곳은 박 정희 대통령 생가였다. 관광객들이 쉴 수 있게 옆에 공원을 조성 중이었고 사람 이 의외로 많이 있었다.

과거의 모습을 그대로 보존 중 이라 신기하기만 했다. 원래 '생 가'는 보통 이렇지만…. 편안하게 5분 정도면 다 볼 수 있을 정도로 짧은 코스다. 박정희 전 대통령과 육영수 여사 사진도 전시되어 있 으니 관심 있는 사람은 가벼운 마 음으로 다녀와도 무방할 듯하다.

생가 구경을 마친 뒤 카페에서 오랜만에 커피를 마시며 수다를 떨었다. 여행을 다니며 새로운 사람을 만난다는 게 정말 행복하다.

처음 만났지만 마치 여러 번 봤던 사이처럼 신나게 떠드니 시간 가는 줄 몰랐다. 구미에는 브롬톤을 타는 사람이 별로 없어 외로움에 목말라 계셨다고 한다.

두 번째로 방문한 곳은 구미에서 가장 큰 공원이다. '동락공원'은 자전거 도로가 잘되어 있는 큼직한 공원이었다.

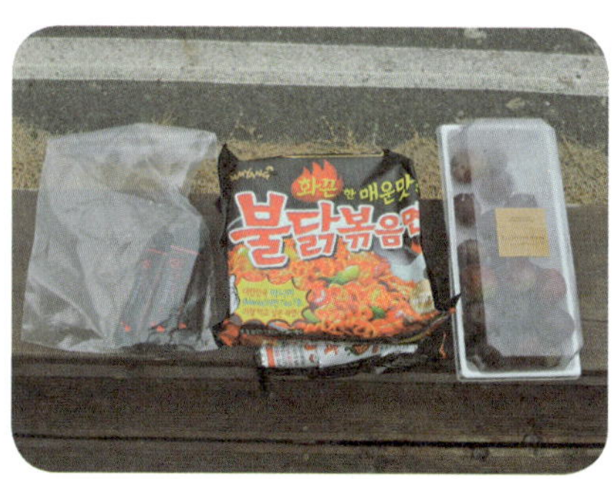

사진 찍어 줄 사람도 생겼으니 오랜만에 내 사진도 찍었다. 사진 찍을 때 항상 느끼는 거지만 무슨 포즈를 취해야 자연스러운지 모르겠다. 이번에도 어정쩡한 포즈가 되고야 말았다.

서로 사진도 찍고 즐겁게 웃다 보니 어느덧 헤어질 시간이 다가온다. 오카리나 님께서 손수 준비해주신 거봉과 사나이 울리는 불닭볶음면 그리고 커피…. 매일 진라면만 먹는 게 안타까웠다고 한나. 실시간으로 매일 올렸던 여행기를 보고 계셨나 보다. 여행자에게 꼭 필요한 선물을 해 주시다니 황

브롬톤을 타시는 오카리나님.
앞에 가방은 본인이 직접 만든 거라 하신다.

송한 마음 어디다 둘지 모르겠다. 고맙습니다. 덕분에 잘 먹을게요!

오카리나 님도 아쉬운지 공원 밖까지 배웅해 주시다가 아내(황후마마) 분이 소환하셔서 아쉬워하며 걸음을 돌렸다.

누구나 헤어짐이 제일 아쉽고 견디기 힘든 시간이지만 뒤돌아보면 더 아쉬워질 것 같아서 앞만 보고 달렸다.

다음 목적지는 대구다. 구미에서 대구까지는 그리 멀지 않지만 체력도 아낄 겸 쉬엄쉬엄 달렸다.

구미와 대구 중간지점에 있는 인증지점에서 화장실도 들를 겸 자전거를 세워놓고 건물 안으로 들어갔다가 여행 중인 아저씨를 만나게 됐다. 어디서 왔냐고 물어보셔서 서울이라고 대답하니 젊은 사람이 도전하는 모습이 보기 좋다며 이런저런 정보를 주셨는데 인맥이 넓은지 각 지역별로 싼 숙박업소를 소개해주셨다.

아저씨께서는 이미 4대강을 두번이나 종주한 베테랑 라이더였는데 많은 연세에도 불구하고 그 도전정신에 오히려 대단함을 느꼈다. MTB를 타고 다니시는데 한번에 많이 안 가고 금방 금방 쉬어간다고 하셨지만 다시금 생각하니 전국에는 내가 모르는 숨은 고수들이 많이 있는 듯하다. 짧게 아쉬운 작별인사를 한 뒤 대구를 향해 달렸다.

혼자 다니면 이야기 벗이 없어 심심하다. 내 마음대로 다녀도 뭐라 하는 사람이 없어 좋긴 하지만 그래도 심심하고 외로운 게 더 아쉬울 따름이다. 울적한 마음을 달래기 위해 잠시 앉아 오카리나 님께서 챙겨주신 거봉을 먹었다. 탱글탱글 실하니 꿀맛이었다.

자전거 길 주변에는 내가 모르는 문화유적이 많이 있는 것 같다. 창피한 마음도 들지만 관심이 없어 일 년 동안 두세 번 볼까 말까 한 유적들을 여행 중 다 보는 것 같다. 이 기회에 견문도 쌓고 유식해져 갈 수 있다면 좋으련

만 한 달이라는 기간의 제약이 있어 말처럼 쉽게 될 문제는 아닐 것이다. '나의 문화유산 답사기'는 다음을 기약하며….

날씨가 흐려서 아쉬웠지만 대구까지의 길은 경관이 아주 좋았다. 중국 내륙에서나 볼 수 있는 깎아지른 듯한 절벽에 아슬아슬하게 만든 험로는 아니지만 절벽 위에 강을 따라 조성된 자전거 길은 흔히 경험해보지 못한 길이었다. 안전하게 철제 펜스도 있고 노면 상태도 양호하고 탁 트인 시야가 맘에 쏙 드는 길이다. 대구에 가까워질수록 이 자전거 길을 따라 데이트하는 연인들도 많이 보게 되었고 동호회 분들로 보이는 무리들도 있었다.

거북이처럼 쉬엄쉬엄 6시간을 달려 목적지인 대구에 다다랐다. 너무 여유를 부려서 그런지 모르겠으나 천천히 왔음에도 불구하고 무릎이 좀 쑤신다. 무릎 아픈 것은 고질병인가? 전국일주하는 라이더들이 감수해야 할 자랑스런 훈장 같은 것일지도 모르겠다. 무릎에게 6시간 동안 당근을 선사했다면 이제 채찍을 가할 때다.

그런데 문제가 생겼다. 갑자기 비가 내리기 시작한 것이다. 재빨리 우의를 꺼내 입어 봄은 간수했지만 트레일러 위에 올려져 있던 침낭은 미처 생각지 못했다. 침낭은 물에 젖으면 쓰지도 못하고 말리는 데 며칠이나 걸린다. 내가 입으려고 우의를 사셔온 거지만 생각해 보니 침낭이 더 중요했다. 방수 친 하나 챙겨야 했는네 이놈의 쉬망슴이 날 짓누른다. 어쩔 수 없이 우의를 다시 벗어 침낭을 감싸줬다.

'입지 마세요. 침낭에 양보하세요.'

 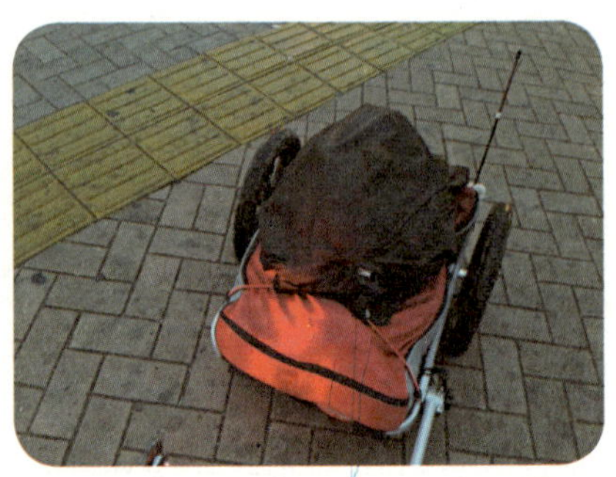

설상가상 하늘도 어두워지고 비는 내리고…. 대구만 진입하면 만사 오케이라고 생각한 내가 잘못이었다. 크디 큰 '광역시'인 대구를 우습게 알아 생긴 일이다. 오늘의 도착 예정지는 아는 여동생이 일하는 매장이다. 하지만 가도가도 보이질 않아 적잖이 당황했다.

우여곡절 끝에 거지꼴로 매장에 도착하니 여동생이 사투리로 반갑게 맞아준다. 5년 만에 보는 여동생이다. 오랜만에 보는 반가움도 잠시. 대구 사투리를 쓰는 여동생이 귀엽기만 하다. 나란 남자란~ 왜 이리 사투리를 쓰는 여자가 귀여워 보이는지…. 여행 중에 남자들만 봐서 그런가? 근처 편의점에서 간단하게 우유와 햄버거를 먹고 짐을 정리했다.

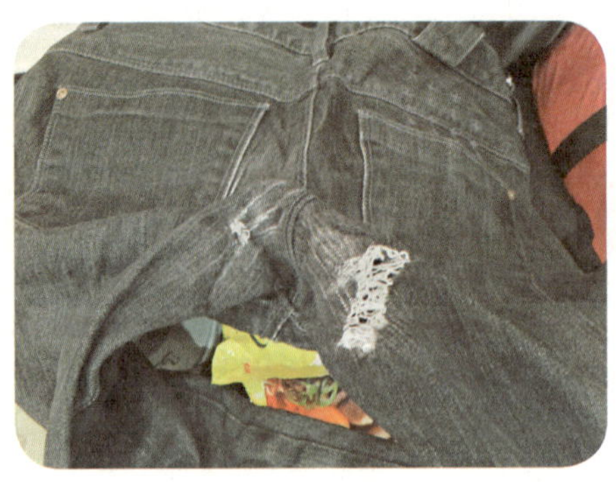

그동안 나와 생사고락을 함께해 준 청바지가 오늘로서 생을 마감했다. 한 2년 정도 입은 청바지 같은데 자전거 탈 때마다 입었더니 더 이상 입기 힘들 정도로 헤져버렸다. 속바지를 안 입으면 너무 민망해질까 봐 가져온 예비 바지로 서둘러 갈아입고 바지에게 작별인사를 했다. 덕분에 여행 다니면서 쇼핑할 시간이 생기겠구나!

　여동생 일이 끝나기를 기다리며 이런저런 그간 못했던 이야기를 늘어놓는데 여동생은 내 자전거 여행기를 봤다며 고생한다고 걱정해준다. 마음씨까지 곱디 고운 사랑스런 아이다. 일 끝날 시간이 되니 여동생 남자친구가 차를 끌고와 기다리고 있었다. 여동생 남자친구마저 사랑스럽다. 덕분에 편히 숙소로 정한 찜질방까지 이동할 수 있었다. 한 잔의 술이 생각나는 밤이다.

낙동강(3월 2일)

새로운 인연

6일차 - 김광석 거리, 무심사

이동경로 : 65km

대구 → 무심사 55km, 걷기 10km

찜질방에서 잠자기란 쉽지 않다. 동네 사랑방 역할을 담당하는 곳답게 왁자지껄한 사람들의 소리로 가득차 이리저리 뒤척이기만 할 뿐 편안한 잠을 청할 수는 없었다. 피로가 누적된 터라 웬만해서는 참고 견뎌보려 했지만 나의 인내심이 허락하지 않는다.

결국 참다 못해 새벽 4시쯤 일어나 가벼운 몸을 만들기 위해 찜질을 한 후 떼려야 뗄 수 없는 영원한 친구인 식혜 한 잔을 원샷했다. 우리 몸에 대한 의리~!

오늘은 대구 시내 관광을 계획했다. 자전거와 트레일러는 동생 매장에 맡겨놨으니 도보로 걸어다녀야 했는데 자전거 없이 즐기는 걷기 관광도 또 다른 매력을 느낄 것이라 생각했다. 여유로운 마음으로 시내를 돌아다니는 것도 숨가쁘게 달려온 나 자신에 대한 휴식을 안겨줄 것이다.

찜질방을 나와 디트로라고 불리는 대구 지하철로 들어갔다. 서울 지하철과는 매표소 생김새도 다르고 깔끔하면서도 묘한 분위기가 느껴진다. 수도권에서 사용했던 내 교통카드를 여기서도 쓸 수 있을지 의구심이 들었지만 그러한 걱정도 기우였다. 전국으로 통합된 교통카드는 편리함 그 자체다.

노선도를 보니 지하철 노선이 2개밖에 없다. 거미줄 같이 얽히고설킨 수도권 노선에 비하녀 부기 편해서 좋았다.

이렇게 보고 있자니 꼭 일본 배낭여행 갔을 때의 느낌이랄까? 같은 언

어를 쓰는 다른 나라에 온 것처럼 지방여행은 묘한 느낌을 받는다. 같은 나라에서 뭐가 그리 다르겠냐 싶지만 자세히 관찰해보면 많은 것들이 다르다. 우선 지방 도심에 들어선 음식점이나 프랜차이즈 상점이 서울엔 없는 것들도 많다. 행인들의 옷이나 머리모양을 봐도 서울의 그것과 다르다. 지방에 내려오고 나서는 투블럭커트 헤어를 거의 본 적이 없으니까…. 거기다 아직 익숙치 않은 사투리…. 말을 빨리하면 아직 이해를 잘 못한다. 찜질방에서 어떤 아저씨 두 명이 싸우는데 거의 절반도 이해를 못해서 무엇 때문에 싸우는지도 몰랐다. 한참 뒤에야 열쇠를 잃어버려서 싸웠다는 것을 알았을 때에는 허탈감도 밀려왔다.

조그마한 땅덩어리를 가진 대한민국에서 지역마다 다르게 생활하는 모습들이 나에겐 설레고 신나는 일이다. 나처럼 서울에서만 살아온 서울 촌놈에게 지방이란 새로 개척하는 미지의 영역이다. 대구 지하철 노선도를 자세히 살펴보면 서울 지하철과 같은 역명이 다수 있다. 용산, 교대, 신천 등 찾아보는 재미도 쏠쏠하다.

방천시장에 도착했다. 을씨년스러울만큼 웬일로 거리도 한산하고 상점마다 문이 닫혀 있다. 이상하다 싶어 알아본 결과 일요일은 정기휴일이란다. 아쉽지만 옆에 위치한 김광석 거리로 이동했다.

젊은 나이에 요절한 고 김광석. 수많은 명곡을 남긴 채 우리 곁을 떠난 그를 추모하고자 조성된 거리는 한폭의 수채화처럼 알록달록 아름답기만 하다. 벽면이 온통 그림으로 장식된 거리. 번뜩이는 아이디어가 느껴지는 게 단순히 벽화만 있는 게 아니라 길에 설치되어 있는 가로수나 의자 등의 조형물을 이용한 그림들도 많았다. 최근에 도시 재생사업의 일환

으로 이렇게 예술적으로 조성된 거리가 속속 생겨나고 있으니 가족끼리 연인끼리 구경하면 좋을 듯하다. 먹거리도 풍부하고 놀거리도 많고 예쁜 볼거리도 있는 대구다.

다음 목적지인 근대화 골목으로 향하는 길. 차비를 아끼기 위해 열심히 걷는다. 원래 흥청망청 낭비하며 쓰진 않았지만 부족하지 않게 여행경비를 사용하려고 했는데 몸에 밴 습관이란 무섭다. 길을 잘못 들어서 한 시

간 가량 길을 헤매다가 수녀님을 발견하곤 길을 물어보았다. 수녀님과 말
해보는 건 처음이라 이상하게 긴장됐다. 죄 짓지 않고 열심히 생활했는데
왜 이러지?

길을 잃어 헤매고 있다 하니 인자하신 수녀님께서 같이 걸으며 친절하
게 길 안내와 관광 안내를 병행해 주셨다. 덕분에 관광지도나 안내책자에
없던 내용도 알게 되었다. 고맙습니다. 수녀님!

근대화 골목에서 우연히 보게 된 '정 소아과'는 대구에 처음 생긴 2층 소
아과라고 한다. 현재는 어떤 회사가 건물을 매입하여 사무실로 쓰고 있지
만 보존을 위해 외관 변경을 하지 않았다고 하니 실로 착한 회사라 할 수
있겠다.

대구 근대화 골목은 생각보다 아담하다. 기대만큼 실망도 컸지만 근·
현대화의 흐름을 알 수 있는 역사적인 장소이니 한국사에 별로 관심이 없
는 나 같은 사람일지라도 한 번 방문해 보시라!

도심 관광을 끝내고 여동생 매장 오픈
시간에 맞춰 돌아오니 라면과 파스가 내
눈앞에 기다리고 있다. 어제도 라면 받았
었지. 좋아해서 라면을 먹는 것이 아니라
살기 위해 라면을 먹고 있는 건데…. 솔

직히 이젠 보고 있는 것만으로도 라면은 질린다. 그래도 마음씨 고운 동생이 챙겨주는 성의를 무시하면 싸가지 없는 오빠로 기억되겠지? 도리에 맞게 고맙다고 웃으면서 받았다. 여행하면서 짐을 하나씩 비워놓았더니 뜻하지 않게 충전되고 있다. 만나는 사람들마다 필요한 아이템을 쥐어주시니 그 속에서 따듯한 정을 느낀다. 이번 여행은 직진만 하며 숨가쁘게 살아온 내 인생을 돌아보고 마음의 상처가 남아 있었다면 치유할 목적으로 시작했는데 그동안 잊고 지냈던 '정'을 일깨운 것만으로도 소기의 목적은 달성했다고 생각한다. 보잘것없는 나를 챙겨주신 모든 사람들께 감사한 마음 다시 한 번 전해드린다.

자전거를 타고 대구를 떠나며 대구에 대한 생각을 되짚어 보았다. 대구란 도시는 참으로 아름다운 예술의 도시로 기억될 듯히다.

서울의 높디 높은 삭막한 빌딩들만 있는 것과는 달리 마음을 편하게 해주는 도시다. 이제 다시 출발이다. 150km의 주행거리를 하루만에 가는 것은 무리고 중간에 캠핑장을 찾아봐야 했다. 대구를 막 벗어나 자전거도로로 합류하기 위해 달리고 있었다.

인도가 거칠어 트레일러가 다니기 힘들다 판단해 도로를 주행하고 있을 때 뒤따라오던 트럭이 속도를 서서히 줄여서 따라오기 시작했다. 처음엔 내가 길을 가로막아서 못 가나 싶어 옆으로 피했지만 운전자께서는 고개를 절래질래 흔드신다. 알고 봤더니 내 뒤에서 천천히 따라오며 위험에 처하지 않게 보호해주셨던 것이다. 감동의 쓰나미가 또 한 번 밀려온다. 그러다가 내가 잘못된 길로 늘어서니 그쪽이 아니라고 소리쳐 주서서 멈추게 되었다.

뒤따라오던 트럭 운전자는 대구에서 사과밭을 운영하는 철인클럽 회원 이종성 씨. 전국일주뿐만 아니라 일본 오키나와까지 무박 3일로 종주한 숨어 있는 고수셨다. 미니벨로로 전국일주하는 걸 보고 조금 놀라신 듯했다. 미니벨로 특성상 자전거 주행이 힘든 도로는 '점프*'가 가능하지 않냐며 요새 아저씨도 미니벨로 쪽에 관심 있다고 하셨다. 전화번호도 주시며 혼자 여행하다 막히면 연락하라고 하신다.

아저씨와 헤어진 후 자전거 도로를 달리기 시작했다.

어제 비가 와서 날씨가 맑았다. 그동안 날 괴롭혔던 미세먼지도 빗줄기에 씻겨내려가 여러모로 쾌적한 여행을 할 수 있었다.

구름 사이로 빼꼼히 보이는 한 줄기 햇빛이 신이 강림할 것 같은 분위기를 자아내며 무척이나 아름답게 보였다.

봄을 재촉하는지 군데군데 푸른 새싹이 보였다. 계절상으로 양력 3월은 봄이니…. 겨울에 여행을 시작하여 봄이 찾아오는 시기를 함께 누리게 되어 영광이었다. 따스한 햇볕을 맞이하니 몸도 나른해지고 갑자기 일광욕을 즐기고 싶어져 누워본다.

짧은 휴식을 끝내고 라이딩 재개! 강변을 따라 달리면 꼬불꼬불 도는 것 같아 직선으로 돌파해서 시간을 단축하자라는 생각을 하게 되었고 낙

* 자전거 라이더가 지하철이나 버스 등을 이용해 이동하는 행동.

동강 자전거 길을 이탈해 시골 길로 돌아섰다. 여기서부터 문제가 시작됐다. 어딜가나 똑같을 것 같은 시골의 풍경을 처음에는 즐겼다. 그러나 표지판도 별로 없는 데다가 믿었던 GPS마저 날 배반하는 초유의 사태가 찾아왔다. 지방으로 오면서부터 GPS가 자주 현위치 파악을 못했지만 이런 위급한 상황에 현 위치가 대구에 가 있으니 답답할 노릇이었다.

점점 날은 저물어 가고 마음은 조급해지기 시작했다. 강이 보이니 조금은 희망이 보인다. 오로지 감으로 의지해 무턱대고 달렸다.

갓길도 없는 위험한 도로도 나오고 고속도로 밑으로도 내려가다가 오~ 자전거 길 발견! 가까스로 낙동강 자전거 길로 합류했다.

안도감도 잠시. 뜻하지 않은 시련은 계속 내 주위를 맴돌기만 했다. 분명 제대로 진입한 것 같은데 강이 보였다 사라졌다를 반복한다. 더군다나 비탈길로 이뤄진 절벽 위에 만들어 놓은 비포장길이다. 트레일러가 부서지게 생겼다. 내려갈 때는 브롬톤 자전거가 앞으로 고꾸라질 것 같아 안장에서 엉덩이를 떼서 짐받이 쪽으로 최대한 기울이고(승마자세?) 내려왔다. 설마설마하며 지옥 같았던 길을 벗어나니 내 설마가 적중했다.

그렇다. 난 MTB길을 온 것이다. 여행 시작 전에 내 블로그에 어떤 분께서 댓글로 미리 MTB코스는 피하라고 조언해 주셨는데 깜빡해 버린 것이다. 오프로드 전문 사륜 구동차 자리에 경차가 껴버렸으니...빨리가려고 꾀부리다가 몸, 자전거 둘 다 망가졌다. 온몸으로 오

프로드의 매력을 흠뻑 느꼈더니 무릎, 종아리, 허벅지, 손목 등 삭신이 쑤신다. 낭떠러지가 많이 구성된 코스였는데 행여 잘못했다간 젊은 나이에 요절할 뻔했다. 나중에 MTB를 구입한다고 해도 이곳은 피하고 싶은 길로 평생 기억에 남을 것 같다.

보이는가? 표지판에 써 있는 한 맺힌 글씨가…. 내가 쓴 게 아니다.

고생은 사서 하고 날은 점점 어두워지고 춥고 또다시 부랑자 모드로 돌변. 산 속에서의 캠핑은 불가능할 것 같다고 판단하여 생존을 위해 산 속을 빠져나오는 도중 "무심사"라는 절이 보였다.

대부분은 절을 찾아오는 방문객을 환대해준다고 알고 있었고 근처에 묵을 만한 숙박업소도 마땅치 않아 염치불구했지만 발걸음을 무심사 쪽으로 옮겼다. 역시나 인상 좋은 아주머니 한 분이 나오셔서 웃으며 맞이해주신다. 요앞에다가 캠핑해도 되냐고 물어보니 방에서 자라고 하셨다. 심지어 저녁 먹었냐고 물어보고는 밥도 주셨다. 부처님의 자비가 내게도 찾아오는 순간! 스님들은 소식하는 줄 알았는데 방문객들은 예외인가보다. 생각보다 밥을 너무 많이주셔서 남기면 벌 받을 거 같아 억지로 쑤셔 넣었더니 배가 터질 것 같다. 그래도 밥을 먹는 게 어디인가! 라면도 아니고 나물밥을!

식사를 마치고 씻고 있는 와중 자전거 여행자 한 분이 더 오셨다. 같이 잠자게 된 여행자는 우연인지 인연인지 서울에서 왔으며 거기다가 동갑이다. 하이브리드 자전거를 타고 출발한 지 3일 만에 이곳에 도착한 엄청난 스피드의 소유자였는데 부산까지 간다고 하니 함께하기로 했다. 더 자세한 것은 내일 차차 알아가기로 하고…. 오늘도 남자와 함께구나~ 그것도 이번에는 동침이다. 후훗!

낙동강(3월 3일)

깨달음

7일차 - 부산

이동경로 : 155km

무심사 → 부산

무심사에서 만난 재영이. 동갑내기 친구로 우린 금세 친해졌다. 서로 자전거 여행 중이라는 공통분모가 있어 코드가 통한 것일까? 밤새 자신의 무용담과 사회생활 이야기로 꽃을 피웠다. 신문기자가 꿈인 재영이는 졸업 후 이번 기회에 여행을 생각했다고 한다. 애당초 제주도까지 갈 예정이지만 처음해 본 여행으로 몸에 무리가 와서 부산까지만 끝낸다고 한다. 부산까지 함께할 편안한 동지를 만나 다행이다.

정갈한 아침 공양

새벽 몇 시인지도 모르겠다. 절에서는 일찍 일어나야 한다는 걸 알고 있었으나 피곤한 몸을 가누기란 쉽지 않았다. 졸린 눈 비벼대며 가까스로 일어나니 공양하러 식당에 오라 하신다. 공양이 뭐였더라? 너무나 이른 시간이라 그런지 가뜩이나 안 돌아가는 두뇌에 버퍼링이 심하게 걸렸다. 내가 가져온 거라곤 라면과 같은 인스턴트 식품밖에 없는데 공양을 하라니 이게 뭔 일이람? 부처님께 이런 음식을 바쳐야 되겠는가? 천벌 받을 수도 있을 거란 생각에 그저 멍하니 서 있기만 했는데 우리나라 사찰에서 '공양한다'라는 표현은 '식사한다'의 뜻이라고 말씀해주신다. 아…창피하나.

자비로움이 무엇인지를 깨닫게 해주신 부처님께 예를 갖춰 삼배를 올리고 주지스님께 문안을 드리러 갔는데 우리를 보고선 반갑게 맞아주시며 인생에 필요한 이런저런 조언들을 해주셨다. 뭐하러 돈을 버는기? 행복하게 사는 게 인생을 잘

사는 목표가 아닌가?

그럼 돈을 많이 버는 것이 행복한가? 공부는 왜 하는가? 돈을 벌려고 공부하는가? 돈이란 것은 공부를 안 해도 행복의 수준에 맞춰 벌 수 있다는 내용이었다. 말씀을 들으면 누구나 공감할 수 있는 명언이었지만 필력이 부족하여 가르침에 대한 전달을 확실히 하지 못한 점 양해 부탁드린다. 나 또한 돈보다는 행복을 위해서 재미있는 일을 찾아 살아와서인지 많이 공감됐다. 물론 자본주의 사회에서는 돈이 최고지만 사람들은 돈을 많이 벌어 행복하겠다는 하나의 목표만을 위해 서로가 헐뜯고 비방하고 무관심하고 작은 일에 소중함을 느끼지도 않는다. 조금은 마음의 짐을 내려놓고 여행도 하고 사색도 즐겨보는 건 어떨까?

떠나려는 우리에게 배고프면 먹으라고 떡을 하나씩 주셨다. 신세 진 것도 많은데 세심하게도 또 챙겨주시다니 평생 기억에 남을 만한 절이다. 받기만 하고 드리지 못해 죄송한 마음은 글로 대신하며….

혼자가 아닌 둘이다. 이 즐거움이 과연 언제까지 계속될는지 알 수 없지만 외롭지 않고 말동무도 생기고 사진도 같이 찍고 즐거운 마음으로 여행을 시작할 수 있을 것 같다. 인증부스가 보이면 어김없이 도장을 찍어야 한다. 자전거 초행길이라던 재영이도 출발

전 많은 정보를 모으고 왔는지 인증 스탬프 수첩을 들고 다녔다.

꼬르륵…. 배가 고프자 그동안 짐짝처럼 끌고 다녔던 트레일러가 오픈 된다. 신기한 듯 쳐다보던 재영이가 이렇게 바리바리 싸들고 여행을 하는 거구나 한다. 럭셔리하게 여행하기 위해 트레일러를 끌고 온 건데…. 사실 두둑히 돈 챙겨와서 맛집 찾아다니며 식사하고 모텔에서 자는 것이 럭셔리여행(?)일지도 모르겠다는 생각이 든다. 꽁

꽁 감췄던 스팸을 꺼내 라면에 투하한다. 고기(?)가 들어가니 역시 국물의 맛이 진국이었다. 후식으로 재영이가 가져온 커피를 끓여 마셨다. 혼자는 외로웠으나 둘이 마시니 수다 떨고 천천히 낭만 있게 마실 수 있었다.

쉬는 동안 태양열 발전기로 배터리가 다 된 재영이의 폰을 충전하기로 했다. 날씨가 좋아서인지 잠시 앉아 쉬는 동안 충전이 완료됐다. 역시 들고 오길 잘한 거 같다.

낙동강 코스는 구불구불한 언덕들이 많이 나와 어려움을 자랑한다. 나도 모르게 입에서 욕이 나온다. 찻길 옆에 자전거 길이 조성돼 있다면 자동차로부터 라이더의 안전을 보호할 수 있도록 '분리보호대' 하나쯤 군데군데 설치해놔야 하는 게 맞는데 전국에 그런 호화스런(?) 도로가 생각보다 별로 없는 것이 아쉬울 따름이나.

고생고생하며 달리다 보니 이제 완전히 봄이 왔다는 느낌을 받는다. 푸

르다! 여행 시작할 때에는 갈색, 검은색으로 이뤄진 풍경이 푸른 배경으로 바뀌었다. 농사를 짓는 아주머니 아저씨들, 새참 드시는 아주머니….이번 여행 끝나면 완연한 봄이 찾아오겠지? 그때가 되면 새로운 옷을 갈아입은 세상을 마주하게 될 것이다.

부산에 조금씩 다가갈수록 부산의 상징이 되어버린 갈매기가 우릴 마중나왔다. 아까 과자를 다 먹어치워서 새우깡이 없는 것이 갈매기한테 미안했지만, 다른 여행자에게 배 터지게 얻어먹었을 것이 분명하다.

다시 정신차리고 라이딩에 집중하니 저 멀리 미니벨로인 버디 두 대가 보였다. 그런데 바퀴가 좀 이상했다.

"어라? 바퀴가 앞은 코작**이고 뒤는 마라톤**용이네요?"

보통은 자전거 타이어를 교체하면 코작이면 코작 마라톤이면 마라톤으로 양쪽 바퀴를 다같이 맞추기 마련이다. 근데 앞뒤가 전혀 상반되는 타이어라니.

"아 이거? 부산은 산지형이 많다 보니 충격을 많이 받는 뒷바퀴는 마라톤 아니면 못 타요."

"서울은 평지가 많다 보니 여의도에 보면 로드들이 많은데 부산은 다르군요. 지형에 따라 자전거들 튜닝 상태도 다르네요. 신기해요!"

"부산에는 그래시 미니벨로가 많질 않아요. MTB를 많이 타시고. 미니벨로는 해운대 쪽으로가면 많이 볼 수 있어요. 거기 빼곤 자전거 길이 많질 않거든요."

"아하. 미니벨로인 저는 고생길이 훤히 보이네요. 하하."

"부산으로 가게 되면 해운대 쪽에 미니벨로 카페 있으니 거기 한 번 가봐요. 인테리어가 예쁘게 잘되어 있어요."

** 로드에 적합한 스피드용 타이어.
** 장거리니 MTB에 적합민 튼튼한 타이어.

"엇! 좋은 정보 감사합니다."

부산의 낙동강은 저녁이 되면 부산에서 대구 쪽으로 바람이 심하게 분다. 진짜 죽어라 안 나간다. 지쳐서 쉬기를 몇 번이나 반복해 겨우겨우 부산에 도착하니 이미 깜깜한 저녁이다.

부산에 진입하고 나니 그래도 건물들 때문인지 바람이 좀 잦아들었고 부산 길바닥에서 노숙하고 싶지 않았던 우리는 미친듯이 페달을 밟았다. 역시 추위와 공포감을 느끼니 젖먹던 힘이 난다.

12시간 동안의 라이딩을 통해 드디어 부산에 도착했다. 150km나 되는 엄청난 거리다. 날이 저물어 우선 숙소를 찾았다. 둘이라 숙박비도 반으로 줄어들어 기분도 좋다. 모텔에서 이틀간 숙박하기로 하고 같이 관광하러 돌아다니기로 했다.

바닷가에 온 이상 횟집에 들러야 하는 건 인지상정. 지하철을 이용해 광안리로 향한다. 아름다운 야경을 자랑하는 광안대교도 찍고 깜깜해서 적막해 보이지만 잔잔한 파도소리만으로도 멋진 밤바다도 감상한다.

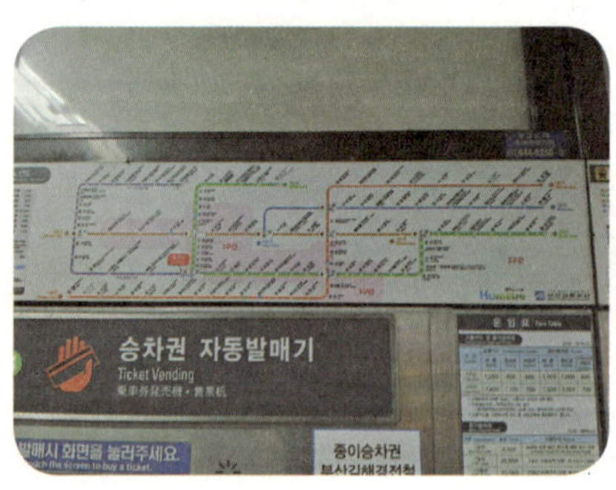

도착한 횟집에서 부산의 지역 소주인 '시원'을 마셔봤다. 말 그대로 시

원하고 달달하다. 바다를 바라보면서 회를 먹고 소주도 한 잔하니 흥이 난다. 역시 우리는 남자들이다. 이런저런 군대이야기, 여자 이야기를 하다가 숙소로 돌아왔다.

내일은 아침에 낙동상 하구에서 마지막 인증을 끝내고 해운대까지 자전거로 가서 관광을 하기로 했다. 부산까지 힘들게 달려온 만큼 충분한 보상을 해줘야 할 시간! 뭐하고 놀지 밤새 궁리하겠지.

낙동강(3월 4일)

나에게 준 선물

8일차 - 국토 종주 완료, 부산시 관광

이동경로 : 40km

부산시내 30km, 도보 10km

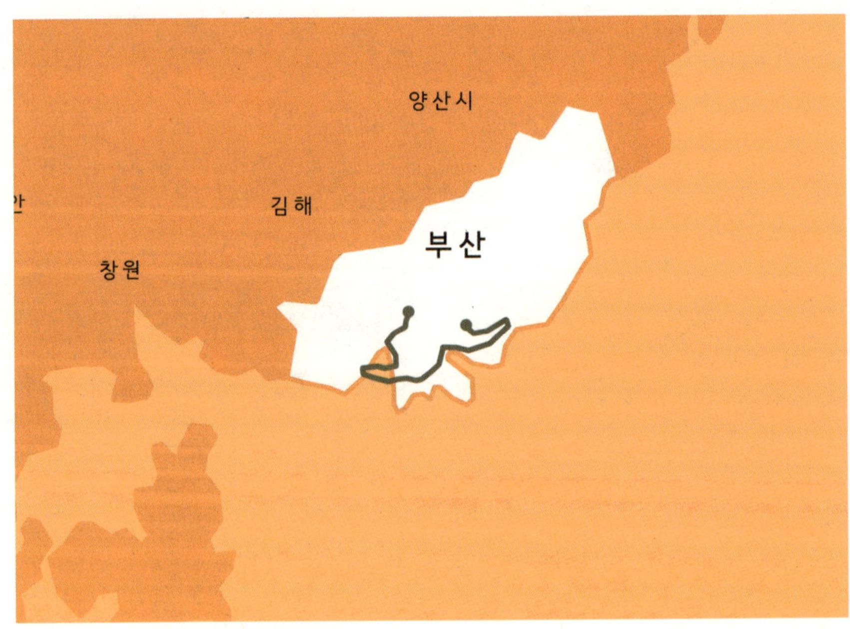

　오늘 드디어 국토종주를 완료하는 뜻깊은 날이다. 아침 일찍 부푼 기대 속에 부리나케 낙동강 하구 인증센터로 향했다. 낙동강의 종착점이자 국토종주의 종착지이기도 한 낙동강하구둑이 다가올수록 지금까지 힘든 여정들이 주마등처럼 흘러간다.

　감격스런 순간! 마침내 국토종주를 완료했다. 힘든 여정을 이겨낸 나 자신이 정말 뿌듯하고 자랑스럽다.

　인증을 받기 위해 인증센터 건물로 들어갔다. 국토종주에 관련된 내용으로 꾸며져 있는 전시실이 있었는데 입구에 들어서는 순간 센서가 작동되었는지 잔잔한 배경음이 깔리기 시작했다. 음악은 전시실의 중앙부로 오면서 절정으로 치달았는데 여기까지 오는 동안 역경과 고난을 극복했기에 감동이 배가 되었나. 한편의 감동적인 영화를 4d로 체험해 본 느낌이랄까? 전시실은 국토종주를 한 사람이라면 감동받게끔 정말 잘 만들어났다.

소방을 석은 놋난배

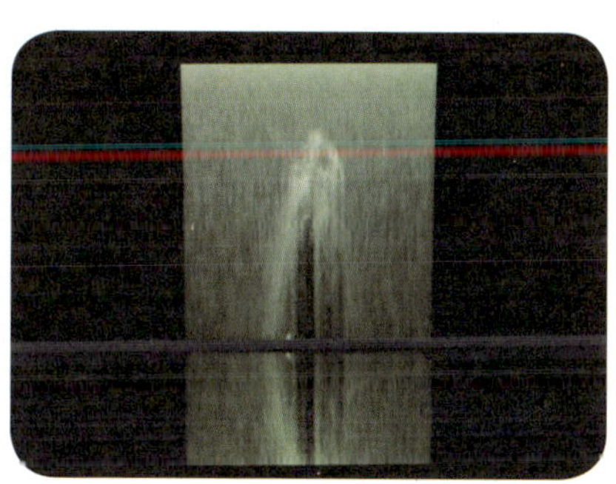
내 모습에 따라 변형되는 물줄기

전시실 관람을 마치고 드디어 국토종주 인증 금딱지를 받게 되는 순간이 찾아왔다. 메달은 집으로 보내준다고 하니 여행을 마치면 올림픽 메달을 목에 걸듯이 한 번 걸어봐야겠다.

브롬톤에도 스티커를 붙여줬다. 초등학생 때 선생님한테 받으면 기분이 좋았던 '참 잘했어요' 도장처럼 스티커를 보고 있으면 흐뭇한 마음을 감출 수가 없다. 허나 '과유불급'이라 했던가! 스티커가 많아짐에 따라 보

기에 난잡하니 나중에 국토종주 스티커만 붙여야 할 듯하다.

국토종주도 완료했으니 이제 놀아볼 시간! 우선 중구의 헌책거리와 국제시장을 보기 위해 이동했다. 신나게 달리던 중 갑자기 재영이가 멈춰선다. 공사장을 지나치다 무언가에 찔렸는지 바퀴가 펑크났다. 숙련된 조교의 솜씨로 연장을 꺼내들고 재빠르게 고쳐주니 옆에서 바라보던 재영이가 놀란 표정으로 감탄사를 연발한다. 경험의 차이는 무시할 수 없는 거다.

아기자기한 집들

아름다운 전통시장의 모습

씨앗 호떡

크레파스로 아기자기 예쁘게 칠한 듯한 산 위에 지어진 집들도 보고 무서움을 느끼는 터널도 통과하니 어느덧 깡통시장에 도착했다. 이곳을 포함한 3~4개의 시장이 모여 국제시장을 이룬다니 굉장한 규모를 자랑했다. 한 시간가량을 헤매서야 먹자골목을 찾을 수 있었다.

부산의 명물이라는 씨앗호떡과 밀면을 먹었다. 달고 고소한 맛을 자랑하는 밀면을 맛본 개인적인 생각은 춘천막국수에 육수를 섞은 맛이랄까? 나쁘지 않은 맛이었다. 특산품(?)을 꼭 먹어야 여행이 더욱 기억날 것이다.

소화도 시킬 겸 바로 옆 보수동 책방골목으로 갔다. 헌책들이 즐비해 책 마니아라면 꼭 한 번 와야 될 듯한 분위기를 풍기는 골목이었다. 서울의 황학동 풍물거리 등을 연상케 하는 과거와 현재가 공존하는 아름다운 공간이다.

어릴 때 자주 즐겨봤던 책이 뭐 있으려나 검색을 해보려는 찰나 페이스북으로 메시지가 날아왔다. 내 미니벨로 자전거 브롬톤의 같은 동호회 회원인 유 님의 메시지다. 여행 중 매일 올리는 여행기를 보고 내가 부산에 온 것을 알게 된 것이다. 자전거를 타며 동호회에 가입하니 이런 번개 모임을 갖는다는 것은 나로선 매우 즐거운 일이다. 부산 광안리에서 자전거 정비일을 하는 유 님은 부산방문 기념으로 무료로 정비를 해준다고 나를 초대하셨다.

"당장 달려가겠습니다!"

매장 벽에 걸려 있던 060만 원짜리 잔차

유 님이 일하고 계신 매장에 도착하니 이미 한밤중이다. 처음 뵌 듯한 유 님은 알고 보니 두 번째 뵙는 분이었다. 내가 주최했던 브롬톤 벼룩시장에 참여하기 위해 부산에서 서울까지 오셨었다고…. 이런 고마운 분을 기억 못한 내 머리를 한탄하며 미안한 마음에 어찌할 바를 몰랐다. "그날 악수한 사람이 한두 분이 아니라…."라는 궁색한 변명을 하고 이런저런 대화를 나눴다. 고마움도 표현할 겸 자전거 숍에 온 김에 그동안 필요했던 물품을 구입하기로 했다.

재영이는 탐내던 버프를 나는 트레일러를 잠글 수 있는 자물쇠를 구입했다. 유 님은 괜히 우릴 초대해서 물건 사게 만든 것 같다고 미안해 하셨지만 덕분에 필요한 물품을 구입했으니 오히려 고마울 따름이다. 이런 것을 가리켜 '꿩 먹고 알 먹고.'

온종일 시내를 돌아다니다 보니 허기짐을 느낀다. 부산에서 손꼽히는 돼지국밥집이 있다며 추천을 해주시길래 원래 일정이던 해운대 방문을 포기하고 쌍둥이 돼지국밥집으로 향했다.

소문난 맛집은 줄 서서 먹어야 제 맛이라 하던가! 도착하니 우리와 같이 허기짐을 느끼는 사람들로 인산인해를 이뤄 우리도 그 속에 동참하기로 한다. 온종일 굶은 것도 아닌데 먹성 좋은 두 젊은이는 음식이 나오자마자 아무 말없이 정신없이

먹어치워버렸다. 심지어 공기밥도 두 그릇이나 더 먹으면서 말이다. 고기의 육감은 부드러우면서 쫄깃하고 국물은 국밥 특유의 개운함과 시원함이 몰려오니 왜 이곳이 맛집으로 유명해진 건지 이해가 됐다. 거기다가 가격마저 착하고 공기밥은 무한리필이니 배고픈 여행객은 무조건 들러야 할 성지 같은 곳이었다. 그래! 내일 아침도 이곳으로 정했다.

맛난 빵과 과자들

일기예보에 비 소식이 있어 서둘러 숙소를 잡은 뒤 나는 부산에 살고 있는 친한 누나를 만나러 나왔다. 미정 누나와 한동 누나는 매우 반가워하며 맛깔난 빵과 과자 샐러드 등을 한아름 챙겨주셨다. 여행와서 점점 먹을 복이 터진 것 같다. 여행 중 이상하게 남자들과 많이 만나다 보니 누나들과 수다 떠는 게 시간 가는 줄 모를 정도로 재미있었다. 이렇게 또 하루가 지나가는구나~

지하철에서 여러 생각에 잠기며 부산에 대한 생각을 했다. 부산은 신기하게 서울과 닮은 점이 많았는데 유행이나 문화가 많이 비슷했다. 그 이유는 누나가 말해줬다. 대한민국의 관문인 부산은 해외에서, 일본에서 관광객이 가장 먼저 거쳐가는 곳이기 때문에 서울과 부산을 오가는 많은 사람들로 인하여 문화가 자연스럽게 유통된다. 그래서인지 지리상 서울과

92

멀리 떨어져 있지만 문화가 가장 가까운 곳이 부산이다.

사람들의 옷 스타일이나 헤어 스타일이 서울과 정말 흡사하다. 말을 하지 않는 이상 구별을 못 할거 같다. 대구에서는 내 옷 스타일을 보고 많이들 힐끔거리는 걸 느꼈다면 부산은 그냥 동화되어 있는 느낌이었다.

다른 점은 화물차가 많고 운전도 거칠다는 것이다. 수출의 전초기지인 부산의 특성상 이해가 가긴 하나 서울에서 온 나는 무서움에 덜덜 떨어야 했다. 부산 사람은 별로 대수롭지 않다고 하는데 내가 볼 땐 전부 카레이서다. 골목길에서 라이딩하고 있을 때 드리프트를 하듯 바로 앞에서 차가 급커브해 들어오면 급브레이크를 밟을 때가 한두 번이 아니었다. 인도가 서울처럼 반듯한 게 아니어서 도로 라이딩을 주로 했는데 무서워서 인도로 다시 올라온 것이 몇 번인지 모르겠다. 지형 특성상 운전이 이렇게 될 수밖에 없다고 한다. 언덕도 많고 길이 많이 어렵다. 자전거 타기에 좋은 길은 아니었다. 어제 봤던 버디를 탄 라이더가 앞바퀴는 코작타이어를 달고 뒤는 마라톤을 달았는지 알 것 같다.

부산에서 느낀 또 다른 점은 정겨움이다. 지하철이나 버스. 집들을 보면 예전 모습을 간직한 것이 많이 있었다.

하루만에도 급변하는 서울과 달리 부산은 어렸을 때 보았던 버스, 지하철이 그대로였다. 주관적으로 표현해보자면 서울은 세련되고 딱딱하나면 부산은 부드럽고 그리운 향수를 느끼게 했다. 서울에 있으면 바쁘고 정신없고 하늘도 잘 안 보이는 갑갑한 빌딩 숲에 파묻혀 있는데 부산은 정감 있고 여유로우며 밤에 별자리도 보인다.

자연과 어우러진 도시 부산. 서울과 어떻게 보면 가장 비슷하면서도 반대의 모습을 가진 대도시. 부산을 찬양하느라고 서울을 약간 폄하해 미안하지만…. 아무튼 서울이 아닌 지방에서 느끼는 감정은 말로 형용하기 어려운 부분이 많다.

Guest Talk

여행 중 만난 인연

김신광(38세) - 직장인

Q 미니벨로를 타게 된 계기가 무엇인가요?

A 매일 일찍 출근, 늦게 퇴근하니 운동시간이 부족해서 자전거로 출퇴근 하면서 운동하기 위하여 타게 되었습니다.

Q 미니벨로의 장점을 한 문장으로 표현한다면?

A 브롬이만 타봐서 다른 미벨은 모르겠고 일단 공간절약? 지금은 삼실에 못 가져 오지만 책상 밑에 얌전히 앉아 있는 녀석을 보면 기분이 좋죠.

Q 구미 하면 추천하고 싶은 게 어떤 것인가요?

A 동락공원. 무료 공원 중에 이렇게 잘 만든 공원은 본 적이 없는거 같아요. 길이도 무려 2km에 칠곡보로 갈 수도 있고 강추합니다. OR 금오산 → 금오산에 오시면 채미정이란 곳이 있는데 이곳 정자에 누워서 금오산을 바라보고 있으면 마음이 평온해집니다.

Q 전국일주 해보고 싶지 않으세요?

A 꿈입니다. 몇 년 전부터 자전거 여행 블로거들 사이트에 많이 방문
했죠. 그중 택꼬란 분의 블로그에서 몇 년 동안 여행기를 봐왔고 지
금은 여행 작가로 활동 중이신데 저보다 어리지만 정말 멋진 삶을 사는
거 같아 많이 부러웠습니다.

Q 딸 자랑 좀 해주세요~

A 흠…. 팔불출 소리 듣기 싫지만,
정말 이쁘고 사랑스럽고 말로 다 표현하기 어렵죠.

낙동강(3월 5일)

회자정리 거자필반

9일차 - 부산, 헤어짐

이동경로 20km

부산시내

아쉽게도 부산에 있는 마지막 날이다. 재영이와 나는 일어나자마자 똑같은 소리를 한다. 돼지국밥! 어제 저녁 날 황홀케 만든 밥도둑. 그래 또 먹으러 가자~ 아침은 돼지국밥이다! 아침부터 고기를 먹어야 피부가 매끈해지며 오장육부가 활발히 돌아가는 법이다. 7천 원의 행복밥상으로 어제의 느낌 그대로 음미한다. 다시 말하지만 강력히 이름 걸고 추천하고픈 맛이다. 지방음식은 반찬 종류가 많고 푸짐하게 맛있게 즐길 수 있는 게 매력이다.

오늘은 부산의 명승지 '해운대'를 방문하기로 했다. 라이딩 중에 경찰서의 모습이 눈에 띈다. 누가 기획한 건지 몰라도 획기적인 아이디어였다. '총알같이 달려가겠습니다'라는 문구에 경찰차가 벽을 뚫고 지나

가 있고 차가 뚫고 지나간 자리에 건물 창문이 하나둘 있다. 보면 볼수록 재미난 건물이다. 예전과 달리 정보의 홍수 속에 살고 있어서 그런지 인간의 머리는 진화하는 것 같다.

새영이와의 마지막 여행. 아쉬운 마음 내색하지 않고 사진도 찍고 장난도 쳐본다. 부산은 바다가 있어 어디서 사진을 찍어도 그림 같다. 버프를 해서 재영이 사진이 '잘생김+1'이 되었다. V자를 하든 무엇을 하든지 역시 가리고 찍어야 멋있게 나오는 거 같다.

지나가던 길에 그림이 그려진 지상주차장이 있길래 한 장 찰칵

참새가 방앗간을 그냥 지나칠 수 없지. 미니벨로 브롬톤 매장이 눈에 보였다. 부산에서 보는 브롬톤 매장이라니 감회가 새롭다. 놀다가려 했는데 이른 아침이라 아쉽게도 닫혀 있었다. 둘 다 아침을 너무 거하게 먹었는지 화장실이 급했다. 오줌보가 터질 듯하여 결국 가까이 보이는 파출소로 달려가 화장실을 사용했다. 자전거 여행 중인 것을 신기해하며 직원분 거의 전부 나오셔서 이것저것 물어보며 이야기 꽃을 피웠다. 조금만 늦었어도 지릴 뻔했는데 친절한 부산경찰분들 감사합니다! 기념으로 사진 한 장 찍었는데 얼굴을 가리고 찍어 범죄자처럼 나왔다. 이

98

것도 추억이겠지.

저 멀리 높은 빌딩과 고운 백사장, 그리
고 커플이 보인다. 이곳이 말로만 듣던 해
운대구나! 여름철의 해운대는 사람들로
가득하여 실망 그 자체겠지만 초봄의 해

운대는 발전된 도시와 아름다운 백사장, 바다가 만나볼 만하다. 해운대에
도착하자마자 커플이 반겨주니 갑자기 외롭다….

하지만 우리를 기다리던 아리따운 미모를 자랑하는 구원자가 계셨으
니 바로 아스모 님. 미니벨로 동호회 브롬동에서 내 여행기를 보고 한걸
음에 달려오신 것이다. 타지에서 온 처음 본 나를 살뜰히도 황송할 정도
로 챙겨주셨다

역시 브롬동에서 보고 오신 미스타한 님도 곧이어 도착! 여행기를 실
시간으로 올리니 내가 지금 어디에 있고 무얼하고 있는지 속속 알게 되어
많은 분들이 이렇게 관심과 격려를 해 주신다. 그 속에서의 우연한 번개
모임. 새로운 인연이 탄생하는 감격적인 만남이다. 스마트폰이 발달하면
서 인간관계가 삭막해진 것도 사실이지만 인터넷이 없고 스마트폰이 없
다면 이런 모임이 존재했겠는가? 새삼 정보화 사회에 감사하다.

훈훈한 외모, 훤칠한 키를 자랑하는 미
스타한 님. 남자가 봐도 잘생겼다. 그분의
브롬톤은 아기자기 귀여운 캐릭터 스티커
를 붙인 경량톤이었다. 간단한 자기소개
를 마친 후 여행하는 동안 만난 분들마다
추천했던 그 카페에 가기로 했다. 바로 '식
스마일즈'.

자전거를 좋아하시는 분이 운영하는 카페여서 동호회원들이 많이 찾

아스모 님께서 선물해주신 새싹 타이

는다고 하는데 인테리어도 자전거로 되어 있다고 했다. 꼭 한 번 가보고 싶던 곳이라 냉큼 따라갔다.

　해운대 해수욕장 근처에 위치한 카페. 역시 소문대로 인테리어가 내 맘을 사로잡았다. 주인장이 알고 보니 나와 같은 브롬톤을 타는 분이셨던 것이다. 미니벨로 스트라이다와 브롬톤으로 인테리어를 구성했다. 거기다 내가 좋아하는 보드까지! 보드도 한 번 타보게 되었는데 신세계를 경

험했다. 앞바퀴가 따로 움직이는 카버 보드라고 한다. 서울 가면 장만하려고 명함도 챙겨놨다.

아스모 님과 미스타한 님이 사주신 커피와 샐러드도 맛나게 비우고 카페 사장님께서 빵도 주셨다. 어린 양에게 일용할 양식을 주셔서 감사합니다! 식스마일즈 카페 사장님도 브롬동 회원이라는데 등업 좀 시켜주세요~! 어느덧 배를 타야 할 시간이 찾아와 카페를 나오게 되었다. 아쉬운 마음이 늘지만 추억을 만들고사 기념사진을 찍기로 했다.

왼쪽부터 카페 사장님, 재영이, 미스타한 님

배꼽인사를 한 뒤 배를 타기 위해, 재영이는 고속버스를 타기 위해 각자 출발했다. 회자정리 거자필반이라 했던가? 만남이 있으면 이별이 있고 이별 뒤엔 다시 만남이 있겠지…. 그렇게 재영이와 미지막 작별 인사를 나눴다.

서울에서 보자 친구야~! 네 덕분에 외롭지 않고 즐거웠어. 고마워!

제주도

제주도(3월 6일)

배 안에서

10일차 - 제주도 공항

이동경로 : 327km

부산 → 제주도 13km, 배편 314km

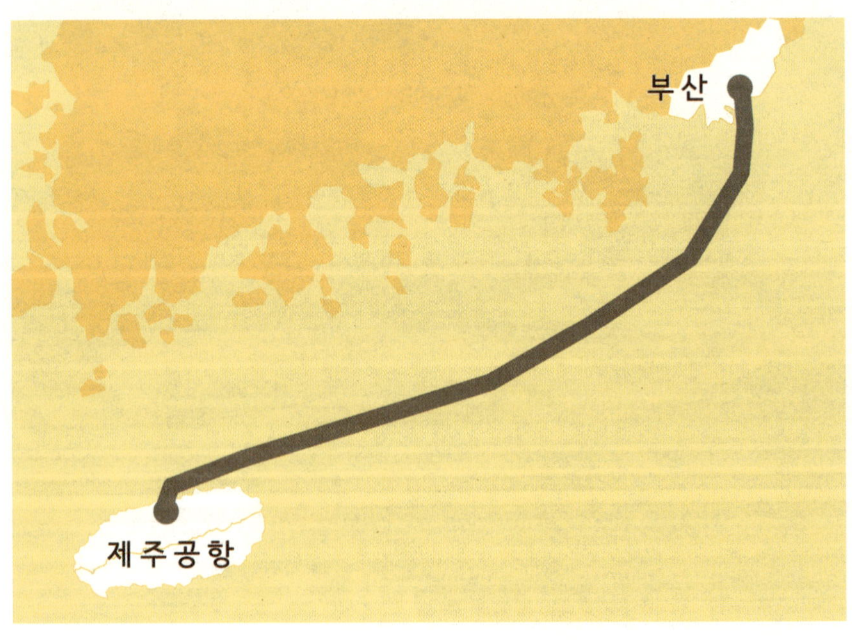

　미스타한 님의 도움을 받아 부산
지하철로 점프를 해서 부산 중앙역
에 도착했다. 혼자였으면 한참 헤
매다 배 시간에 못 맞출 수도 있었
는데 큰 신세를 진 거 같아 죄송스
럽기도 하고 고마운 마음을 뭐라

표현해야 할지…. 점프에 최적화된 미니벨로의 최대 장점인 휴대성을 십
분 활용하는 순간! 내가 이래서 미니벨로를 사랑하지 않을 수 없다.

　이윽고 웅장한 모습을 드러낸 부산항 연안여객터미널. 심심할까 봐 그
러셨는지 정이 넘치는 미스타한 님께서는 내가 떠나는 시간까지 계속 함
께해주셨다. 조만간 제주도에 간다고 하셨는데 함께했으면 더 좋았겠지
만 서로의 스케줄이 있으니 아쉬움을 뒤로한 채 작별인사를 나눴다.

　태어나서 이렇게 큰 배를 타
보기는 처음이다. 많은 사람이
승선하는 페리호. 부산과 제주
도를 오가는 배는 매일 한 척이
운행되며 부산에서는 저녁 7시
에 출발한다.

언뜻 봐도 짐이 무겁게 보였는지 친절한 직원분이 함께 들어주셨다. 정이 넘치는 사회! 우선 짐을 3등실 안쪽 복도에 놔두고 유님 매장에서 구매한 자물쇠로 지퍼를 잠궜다. 자전거는 바로 내가 누운 곳에서 10m도 안 떨어진 곳에 있어 도난 걱정은 안심이다. 평일이라 승객이 별로 없었는데 괜한 걱정을 한 것이다. 배 안에는 고객안전을 위해 CCTV가 가동 중이라는 안내 멘트가 흘러나와 더욱 안심하게 되었다.

내가 머문 3등실 B형 방

돈 쓰기도 애매하고 배도 별로 고프지 않아 저녁은 간단하게 누나가 챙겨준 샐러드로 해결했다.

배 안에는 식당, 편의점, 오락실, 노래방, 샤워실, 야외 포차 등 많은 편의시설이 있다. 식사는 선내 스낵 코너에서 식권구매 후 가능하다. 한 마디로 표현하자면 떠다니는 콘도

시설이랄까? 촌놈이 보기에는 모든 것이 신기한 세상이었다.

선내 구경이 끝나갈 즈음 출발을 알리는 방송이 나온다. 갑판으로 나가 정들었던 부산의 마지막 야경을 찍었다. 항만 대도시 부산의 야경은 눈이 부실 정도였다.

방 안에서 여행기를 포스팅하고 있는데 선장으로 추정되는 승무원 한 분이 내게 다가오신다. "그게 뭐예요? 신기한데?" 손가락은 내 키보드를 가리키고 있었다. "블루투스 키보드요. 스마트폰과 연동해서 글 작성할 때 사용하고 있어요." 자전거랑 트레일러도 구경하시고는 좋은 여행되라며 사람 좋은 미소를 지은 채 사라지셨다. 여행기를 다 쓰니 할 것이 없어 졸음이 밀려온다. 얼마쯤 지난 것일까? 일어나 보니 여객선은 통영 근방을 항해하고 있었다.

밖으로 나가 보니 주위가 온통 새까맣다. 저 멀리 섬에서 밝힌 등댓불이 보였다. 배의 안전한 운항을 위해서 제 몸을 희생하는 등대. 바다의 수호신답게 등댓불은 멀리서도 아늑하게 때론 강렬하다. 우리가 관심 가지지 않는 모르는 곳에서도 맡은 바 중요한 일을 수행하는 사람들이 있다. 그분들의 노고에 의해 편안한 사회가 이루어지는 것이니 감사할 뿐이다.

　사실 오랫동안 배를 타면 심심하다. 밖은 캄캄하고 바닷바람은 아직 차갑기만 하다. 다시 선내 객실로 돌아와서 가지고 온 휴대용 게임기를 켜본다. 여러 명이 오면 같이 그림패도 맞춰보고(?) 이런저런 이야기도 하겠지만 혼자인 내가 심심타파 할 수 있는 묘책은 그냥 잠자기이다. 온수샤워를 마치고 돌아오니 바로 깊은 잠에 빠져버렸다.

　선내에 밝은 불이 켜짐과 동시에 잠에서 깨니 제주에 도착했다는 안내멘트가 나온다.

　드디어 여행 10일차 제주도에 입성하는 순간이다. 제일 먼저 제주항의 사진을 찍고 직원분의 도움을 받아 트레일러를 가지고 하선했다. 다음에 돌아갈 때 트레일러는 화물칸에 넣어 버려야겠다. 허리 아파하는 직원분을 보고 있자니 민폐도 상 민폐다.

　제주도에 도착하면 관광지답게 예전 괌에 갔을때처럼 아름다운 바다와 호텔, 콘도 등이 쫙 펼쳐져 있을 거란 꿈과 희망을 한 번에 무너트리는 맥도날드가 눈앞에 딱 있었다. '글로벌 시대'이니 관광객을 맞이하는 건 맥도날드겠지….

　서울에서도 흔하디 흔한 24시간 패스트푸드점. 실망감이 밀려오지만 이른 아침도 해결해야 했고 그닥 싫지는 않아 들어갔다. 맥도날드에서 몸을 녹이며 어디를 가야 할지 정해야 했다.

아무런 목적지 없이 가고 싶은 대로 정처없이 다니다 보니 정작 제주도에 도착해서 어딜 가야 할지 뭘 해야 할지를 몰랐다. 고심 끝에 생각한 것이 관광안내소가 있는 제주국제공항. 여행객이 많으니 모든 편의시설이 있는 공항. 특히 우리나라 공항은 세계에서도 알아주기로 유명하니까! 그리하여 제주공항을 목적지로 달렸다. 다행히 그리 멀지 않은 곳에 있어 금방 도착했다. 제주도는 꽃샘추위가 시작해서 서울에서 출발할 당시의 날씨를 보여주고 있었다.

추위에 바들바들 떨게 되니 꿈과 낭만의 텐트 캠핑이 머릿속에서 날라가기 시작했다. 생각해 보니 그동안 남쪽 나라의 온실 속에서 생활했던 화초였다. 제주도는 분명 남쪽 나라보다도 더 남쪽인데…. 망했다. 우선 공항에서 노숙 좀 해야지!

제주공항에 도착해서 제일 먼저 한 것은 따듯한 물로 세수. 얼었던 몸이 약간 풀린다. 화장실을 나와서 자전거는 그대로 둔 채 공항 구경을 하기 시작했다. 도난 걱정은 없었다. 지퍼에 자물쇠를 채우고 브롬톤과 트레일러를 묶어 놨으니 칼을 들고 트레일러를 찢지 않는 이상 가져 갈 수 없다. 물론 바퀴도 묶어놔서 이동도 안 된다. 보는 눈도 많아 대범한 사람이 아니고서는 악달을 시도할 수 없을 것이다.

공항에 작은 박물관이 있어 구경했는데 정신을 못차려 비몽사몽이라 그냥 휙휙 지나가 버려서 기억이 잘 안 난다.

이윽고 관광안내소가 나온다. 엄마와 함께 여행왔는지 꼬마 아가씨가 책자들을 뽑고 있었다. 역시 꼬마 아가씨라 키티아일랜드를 손에 꼭 쥔 채로 말이다. 아이 귀여워! 정신이 다른 곳에 출장나갔지만 이내 정신차리고 내가 가고 싶은 곳 위주로 뽑았다.

의자에 앉아 지도상 위치를 보고 눈에 익히기 시작했다. 키티 아일랜드는 나도 가보고 싶은 곳이기도 했지만 제주도에 사는 친구가 키티에 환장을 해서 온 김에 친구도 만나고 같이 아일랜드 구경도 하려 한다.

온갖 그림과 글을 눈앞에 대면하니 뭔가에 홀린 기분이다. 스르륵 눈이 감겨온다. 편한 쿠션을 자랑하는 공항의 의자는 나 같이 지치고 힘든 이들에게 안락한 노숙처를 제공해준다. 누구에게나 열려 있는 공항이 역시 최고다. 침 흘린지도 모르고 자다 깨보니 신기해하며 트레일러와 브롬톤을 쳐다보는 사람들이 앞에 있었다. 순간 창피함은 이루 말할 수 없는 법!

최대한 자연스럽게 슬금슬금 일어나서 벌써 6년 넘게 알고 지낸 제주도에 거주하는 친구를 만나러 시내로 향했다. 나 때문에 자다가 화장도 못

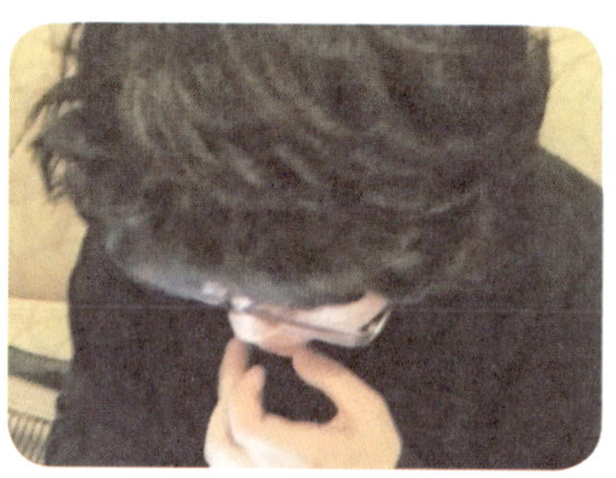

하고 나왔다고 부끄러워 한다. 착하게도 친구는 딸린 식구 한 명을 더 데리고 나왔다. 오~ 제주도에 오니 여자 두 명과 함께하는 호사를 누리게 되었다. 이제서야 남자숲을 벗어나는구나! 초밥을 먹고 카페에 앉아 여행담을 늘어놓으니 가이드로 빙의한 친구가 제주도 관광 코스를 잡아준다.

제주도민이 주전해수니까 신뢰감이 더 생긴다. 관광지노에 볼펜으로 동그라미 쳐 주면서 추천코스를 정해줬는데 주로 해안도로를 따라 쭉 되

제주도민이 추천한 관광 코스

어 있고 제주도의 왼쪽과 중앙 지역에 추천장소가 많이 몰려 있어서 숙소는 제주도청 근처에 잡기로 했다.

우선은 제주도 중심지 쪽에서 3일간 숙소에 머물며 관광을 하고 꽃샘추위가 끝나는 다음 주부터 해안도로를 따라 텐트와 게스트 하우스를 이용해 자전거 여행객들과 새로운 만남을 가질 계획을 세웠다. 총 예상 시간은 10일 정도로 느긋하게 유유자적하며 즐기다 갈 생각이다.

내가 제주도에 도착한 날이 환상인 것이 어제까지는 비가 내렸고 앞으로는 비 소식이 없다고 한다. 거기다 내일부터는 제주도 들불축제 기간! 3일간 진행되는 들불축제는 마치 내가 제주도에 온 것을 환영해 주는듯 기대되고 설렘이 가득한 축제일 것이다. 나이쑤! 운도 좋지!

숙소는 운 좋게도 친구집 근처에 싸고 자전거 여행객에게 인지도가 좀 있는 여관같은 모텔을 갔다. 신제주모텔. 가격은 2만 5천 원에 주말에도 동일하다. 숙소에서 한숨 자고 일어나 넥슨게임박물관을 갈 예정이었지만 눕는 순간 안드로메다행 열차에 탑승. 피로가 쌓였던지 일어나 보니 어느덧 오후 9시다.

이왕 늦은 거 저녁에 할 것도 없겠다. 친구가 일하는 바에 놀러가기로 한다. 친구가 일하는 조용한 동네 바. 서울의 호화롭고 예쁜 아가씨(?)가 있는 모던바가 아니라 정말 동네 주민들이 오는 조용하고 정감 있는 바였

예쁜 촛불

다. 친구도 편안한 차림의 평상복으로 일하고 있었다. 고딩 동창들과 동네에서 맥주 한잔 가볍게 마시던 맥주창고 같은 그런 편안함을 가진 하지만 바의 구색은 다 갖춘 곳이었다.

친구한테 소개시켜 달라고 했다가 한 대 맞을 뻔한 미모를 자랑하는 사장님께서 서울에서 이곳까지 자전거를 타고 왔냐고 먹고 싶은 것이 없냐고 말씀하시기에 나도 모르게 음료수를 주문해버렸다. 지금 술을 먹기에는 자고 일어난 지 얼마되지 않았기에 무심코 흘러나온 반사작용이었다. 지금 생각하니 후회가 든다.

근무 시간이 끝나기를 기다린 후 4명이서 횟집을 찾아갔다. 역시 지역 주민이 추천하는 횟집은 가격과 맛이 다르다. 말도 안 되게 저렴한 가격과 맛. 부신 광안리에서 먹은 횟값이 이깝다고 생각될 정도다. 친구 추천으로 간 통나무집 미미. 동네이다 보니 친구랑 가게 사장님과는 잘 아는 사이 같았다. 엄청난 양에 굴복하여 4명이서 배 터지게 먹고도 남았다.

제주도 마지막 날 한 번 더 와야겠다고 다짐해본다. 회는 역시 바다를 보면서 먹어야 제맛…. 응! 여긴 참 시내다. 암튼 맛있으면 그만이지.

제주 지역 소주인 한라산! 시원한 목 넘김을 자랑하나 도수가 은근히 높다. 배부르게 잘 먹고 새로운 사람들과 한잔 걸치니 흥취가 절로 생기는구나~ 내일을 기약하며 모두 굿나잇~

Guest Talk

여행 중 만난 인연

유재영(29세) – 학생

Q 국토종주를 결심하게 된 계기?

A 오랜만에 아는 여자 후배를 만나서 대화를 나누다가 그 친구가 지난 가을에 혼자서 자전거를 타고 국토종주를 다녀왔다는 얘기를 들었다. 남자도 완주가 힘들다고 들었는데 어떻게 여자 혼자 다녀왔느냐고 대단하다는 말에 '막상 해보면 별거 없어요'라는 대답을 듣고 까짓거 가녀린 쟤도 하는데 나라고 못할까 보냐 하는 마음으로 준비하고 떠나게 되었다.

Q 자전거 펑크도 수리 못할 정도로 초보인데 어떻게 자전거로 여행할 용기가 났는가?

A 하하하. 사실 펑크수리 정도는 할 줄 안다. 다만 시간이 오래 걸릴 뿐이지…. 앞서 얘기했지만 '여자도 하는데 나라고 못할까!' 하는 하등 쓸모없는 자존심이 발동했던 게 무모한 용기의 근원이 아닐까 한다. 그리고 그 무모한 용기에 대한 대가로 여행 시작 이튿날부터 뼈저리게 후회하기 시작했는데, 자전거로 장거리라야 고작 옆동네 놀러가는 것뿐이던 내게 하루 100km의 강행군은 가녀린 내 궁둥이가 버티기엔 너무나도 가혹했다. 자전거 구분도 못하던 내가 패드달린 라이딩 전용 팬츠 따위 알고 있을 리가 없었기 때문이다. 적응할 때까지 무사히 버텨준 내 궁둥

114

짝에 그저 감사할 뿐이다.

Q 혼자 여행 다니는 걸 좋아한다고 들었다. 추천해줄 만한 여행지가 있는가?

A 외도를 추천한다. 매년 겨울 즈음 혼자 여행을 다니는데 2012년 2월에 내 인생 마지막 '내일로' 여행을 가서 들렀던 외도가 정말 많이 기억에 남는다. 정말 발길이 닿는 곳마다 아름답지 않은 곳이 없었다. 다만 부모님이 물려주신 두 다리를 다소 혹사시켜야 한다는 단점이 있다.

Q 국토종주를 하고 나니 어떤 기분이 들었는가?

A 종주를 끝낸 직후에는 무사히 끝냈다는 성취감이 가득했지만 이내 사그라지고 순식간에 일상으로 복귀하는 내 모습에 허무감이 많이 들었다. 하지만 이번 국토종주는 내게 많은 의미를 던져주었으며 세상을 좀 더 넓게 보는 눈을 가지게 된 것 같다.

Q 여행 중 가장 인상 깊었던 것은?

A 소조령과 이화령 넘어가는 길이 가장 인상깊었다. 소조령에 진입한 시간이 저녁 여덟 시 즈음이었는데 이미 해는 넘어가고 가로등 하나 없는 길에서 라이트 하나에 의지하면서 고개를 넘는다는 건 꽤나 무서운 일이었다. 서른이 다 된 나이에 바스락소리에 깜짝 놀라서 뒤를 돌아볼 줄은 몰랐다. 혹여나 멧돼지가 갑자기 나타나서 들이받지는 않을까 노심초사 하면서 고개를 넘어온 일은 오랫동안 잊지 못할 것이다. 이화령 내리막길에서 불빛보고 뛰쳐나온 고라니도 못 잊을 것 같다

제주도(3월 7일)

귤마왕 귤축제

11일차 – 새별오름

이동경로 : 20km

제주도 도보, 대중교통

날씨 : 맑음

어제 늦게까지 술을 먹는 게 아니었는데…. 결국 숙취가 덜 풀린 상태다. 시원한 해장국이 그리운 지금. 만사가 귀찮다. 피곤에 찌든 상태로 뒤척거리다가 결국 아침 11시에 일어나서 계획했던 넥슨박물관은 오늘도 패스하게 되었다.

대신 어제 만난 친구와 5일장에 가기로 한다. 제주도엔 관광특구로 지정된 유명한 곳이 많은지라 이곳을 찾는 관광객은 거의 보이지 않았다. 매달 2일과 7일 날에 열린다고 하니 관심 있는 사람들은 꼭 가보길 추천한다.

5일장의 전경

시장 규모가 생각보다 크다. 부산 국제시장보다 약간 작은 정도? 값싼 물건들이 즐비하고 다른 지역의 5일장보다는 잘 꾸며놓은 현대화된 시장이다. 시설이 현대화되어 있다고 해도 토속적이고 정겨운 풍경을 볼 수 있는 것은 여타 지역과 마찬가지다.

햄스터, 닭 같은 사육할 수 있는 동물들을 직접 팔기도 하고 민속 5일장답게 '대장간'에서 농기구를 판매하고 있었는데 서울 촌놈으로서는 그저 신기한 광경이었다.

한라봉, 레드향, 천혜향 등 생소한 이름의 과일들이 보였다. 1kg당 4천 원~7천 원밖에 하지 않아서 두 박스는 집으로 보내드리고 2kg을 따로 구입하여 먹어보기로 했다. 레드향, 천혜향은 한라봉에서 개량한 품종인데 꼭지가 쭈글쭈글하고 진

한 붉은빛을 띤 단맛이 강한 과일이 레드향이고 천혜향은 감귤처럼 생겼는데 향이 좋다. 외지인이 보기에는 비슷하게 생긴 터라 개인적으로 괜찮은 맛을 꼽자면 달콤한 레드향을 추천한다.

옷가게서 형형색색 알록달록 색채를 띤 제주도 전통의상도 봤다. 바람이 많이 부는 제주도에서 이 옷만 있으면 봄과 여름을 시원하게 지낼 수 있을 거란 생각이 든다. 기념품으로 사올까 고민했을 정도로 통풍기능이 훌륭한 삼베로 구성되었다.

전통시장 구경을 끝내고 친구가 추천하는 고기국수를 먹으러 갔다. 유명 연예인의 '먹방'을 통해서 더욱 유명해진 고기국수. 제주도에 오면 흑

돼지, 고기국수는 꼭 먹어봐야 한다. 진한 고기국물에 쫄깃한 면발이 어우러져서 구수한 맛을 자아낸다.

고기국수집 근처에 흑돼지 전문점도 보인다. 제주도 방언으로 '어멍아방이 질눈 도새기'라고 쓰어 있어 무슨 소린기 했더니 '엄미 이삐가 직접 키운 돼시'라고 한나. 오랜시간 육지와 단절된 제수도라 방언이 거칠고 어렵다. 또한 인터넷 채팅어처럼 줄임말을 많이 사용하는데 이 자체가 제주도 방언이라고 하니 신기하다. 그러나 막상 제주도를 방문하면서 느낀 거지만 사투리를 들을 기회가 많지 않았다. 외국 자본에 잠식되어가고 있는 제주도. 제주도 토속 문화가 점점 사라지고 있는 거 같아 안타깝다.

그리고 제주도 사람들은 대체적으로 체구가 왜소한 편인 듯하다. 내 키도 서울에서는 작은 편에 속하는데 제주도에서는 지금까지 만나 사람들 중에서 약간 큰 편이었다. 물론 관광지나 외지인들이 많은 곳은 원상복구 되겠지만.

친구와 헤어지고 첫날 만난 향미씨를 만나 오늘이 전야제인 '들불축제'를 갔다. 청계천 '등불'축제에 익숙한 터라 처음에는 '등불'축제인줄 알았는데 '늘불'축제라고 한다. 유래를 간략하게 말하자면 제주도에서는 소를 방목하여 길렀는데 들판에 해충이 생기는 것을 막고 새로운 풀이 잘 자라게 하기 위하여 들판에 불을 지피는 풍습이 있었다고 한다. 그 모습이 멀리서 보면 상관을 이뤘는데 현 제주도에서는 조상들의 목축문화를 현대

적 감각에 맞게 각색한 것이 지금의 들불축제다. 행사 마지막 날 불을 놓는 행사가 있다고 하여 오늘은 아쉽게도 그 장관을 보지 못할 것 같다.

행사장에 도착하니 바람이 무척 쎄 슬슬 걱정이 든다. 강한 바람이 부는 제주도이기 때문에 자전거 여행객이나 오토바이 여행객들은 바람과의 전쟁을 치른다고 한다.

무료로 나눠준 한돈 돼지고기도 먹고 사물놀이 풍물패의 퍼레이드도 구경했다. 전야제라 해서 밤까지 행사가 계속될 줄 알았는데 행사가 오후에 끝나서 적지 않게 당황했다. 날도 춥고 특별히 할 것도 없어서 예상 외로 일찍 숙소로 돌아왔다.

한라봉, 레드봉, 천혜향

점심에 구입한 한라봉, 레드향, 천혜향을 순서대로 늘어놓는다. 한라봉은 요새 레드향과 천혜향이 나오면서 뒤로 밀려나 가격이 많이 떨어졌다고 한다. 세상에는 원조를 찾는 사람들도 많으니 언젠가는 한라봉의 인기가 부활할 것이다. 레드향은 생각한 맛보다 더 달고 맛있었다. 이럴줄 알았으면 모두 레드향으로 살 걸…. 잘못했다.

들불 점화를 못봐서 아쉬웠지만 행사장에서 가져온 엽서와 즉석사진을 꺼내 마음을 달랜다. 어릴 때 불장난하면 이불에 오줌 싼다고 했는데 행여 이불에 사고치더라도 행사 마지막날 점화식은 꼭 보고 싶다. 지금까지 수립한 계획을 딱 맞추지 않았으니 어찌 될지 모르지만…. 새별오름에서 찬바람을 맞았더니 몸이 으스스하다. 이럴 때는 꿀 까먹으면서 푹~ 쉬는 게 최고다!

제주도(3월 8일)

뜻밖에 만난 게임 인연

12일차 - 넥슨컴퓨터박물관, 소인국박물관

이동경로 : 70km

제주도

　누구나 살면서 꼭 한 번 가보고 싶은 곳이 있다. 경치 좋은 외국의 자연경관, 안락한 휴양지, 시원한 바다, 오지체험장소, 군대(?) 등 저마다 생각나는 것이 다르겠지만 소박한 꿈을 가진 나는 넥슨컴퓨터박물관, 여기면 족하다. 기상과 동시에 설렌 마음 한가득이다. 두근두근 벅찬 가슴 진정시키며 차분히 넥슨컴퓨터박물관까지의 거리를 체크해봤다. 숙소로부터 약 10km 그리 멀지 않은 곳이다. 초등학생 소풍가는 것처럼 즐겁다. 그동안 쌓은 내공을 총동원하여 페달질을 맥스로 한 결과 25분 정도 지난 후에 깔끔한 디자인을 가진 건물이 눈앞에 나타났다. 반가워~ 넥슨컴퓨터박물관!

　오고 싶은 마음이 굴뚝같아서 아침 일찍 서둘러 오니 박물관 관람시간까지는 시간이 좀 남아 있다. 가만히 앉아 기다리기 지루해서 자전거를 타고 박물관 근처를 둘러보기로 했다. 아이들이 마음껏 뛰놀 수 있도록 놀이터가 주변에 조성되어 있었다. 아이들이 넥슨박물관을 견학온다면 더할 나위 없이 좋은 추억을 만들고 갈 수 있을 것이다.

　개방시간인 오전 10시가 다가왔다. 재빨리 표를 끊고 입장했다.

　요즘 같아서는 비교적 저렴한 가격에 컴퓨터 부품을 구입할 수 있지만 20년 전의 컴퓨터 가격은 거의 승용차 구입가격 수준과 맞먹을 정도로 엄청 비쌌다. 당시에는 집집마다 컴퓨터가 보급되지 않았고 컴퓨터

를 갖고 있는 친구네 집은 동네 놀이터를 뛰어넘는 만남의 장소였다. 그때 참 멋모르고 재밌게 놀았는데….

　어릴 때를 회상하며 잠시 추억에 빠져들다 정신차리고 관람에 집중하기로 한다. 건물 1층에는 컴퓨터의 역사가 나열되어 있었는데 엄청 큰 최초의 마우스도 전시되어 있었다. 지금의 마우스와 비교한다면 최초의 마우스는 거의 맘모스 수준의 크기다.

최초의 마우스

　과거의 컴퓨터 부품은 크고 무거웠다면 미래의 컴퓨터는 유비쿼터스를 구현할 것이다. 레이저 키보드가 전시되어 있었는데 내 블루투스 키보드처럼 휴대용으로 딱일 듯하다. 레이저로 만들어진 그림 위에 손대면 글씨가 입력될 줄 알았는데 진짜 키보드 치듯이 땅을 톡하고 쳐야 입력된다.

레이저 키보드를 이용해서 디지털 방명록도 작성했다.

애플 회사 제품의 최초 컴퓨터도 전시되어 있다. 전 세계에 작동되는

레이서 키보느

최초의 애플컴퓨터가 6대뿐인데 그중 하나라고 하니 귀하디 귀한 컴퓨터다. 과거와 현재 그리고 미래를 아우르는 여러 컴퓨터들이 전시되어 있는데 애니악, 트랜지스터 시대부터 향수를 불러 일으키는 도스 시절의 컴퓨터, 어릴 때 뻑나지 않게 항상 조심히 들고 다녔는데 지금은 사장된 플로피디스크 등 관심 가질 만한 다양한 부품과 제품들이 내 눈을 자극했다. MS-DOS. 명령어도 다 일있는데 지금은 쓸 일이 빌로 없나 보니까 성확한 기억은 가물가물하다. 현재 사용하는 윈도우 체제도 나중엔 잊혀지겠지.

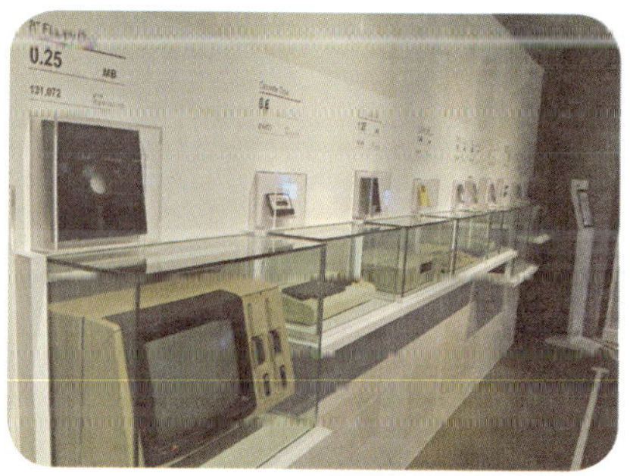

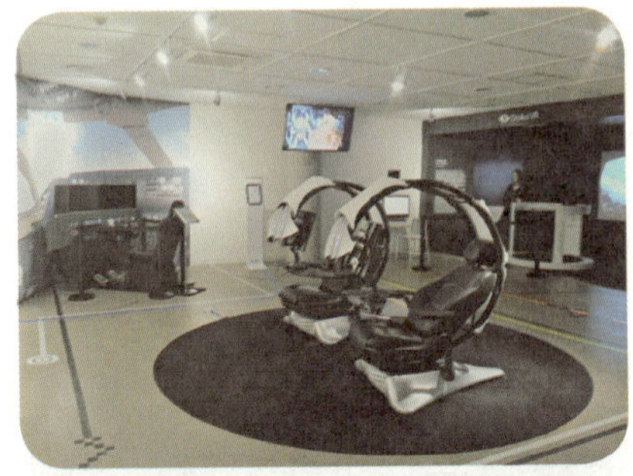

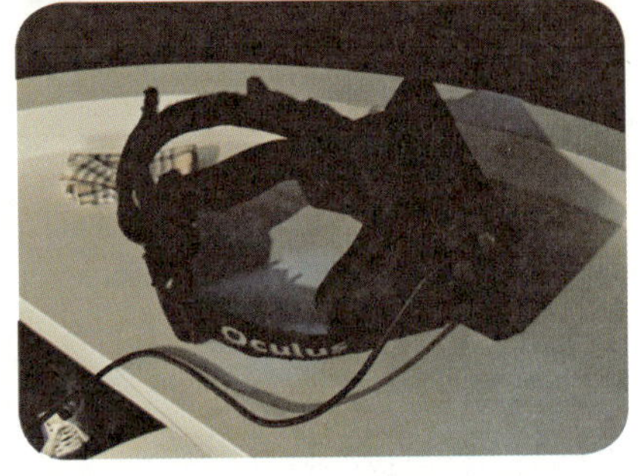

컴퓨터의 발전 속도는 상상을 초월하니 말이다.

박물관 2층으로 올라가니 게임전시관이 보인다. 여기도 패미콤, 세가 스테이션 등 과거부터 현재까지 다양한 게임기들이 전시되어 있었다.

여기 오면 꼭 체험해보고 싶었던 '오큘러스'. 영화에서나 봤던 안경 쓰듯이 머리에 착용하여 즐기는 게임장치다. 쓰는 순간 눈앞에 3D 가상세계가 펼쳐진다. 조금 어지럽고 그래픽이 깔끔하지 않아 내 기대치를 충족시키진 못했지만 현실감과 생동감은 단연 최고다. 내가 직접 게임 속의 주인공이 된 듯한 느낌이다. 이미 상용화가 진행되어 판매 중이지만 비싼 가격이 흠이라면 흠이다.

옆에는 3D 프린터인데 구경해보려고 했으나 다 뽑히는데 3시간 걸린대서 포기하고 돌아섰다.

PC방이 본격적으로 생기기 전인 90년대 말까지 오락실은 선풍적인 인기를 끌었다. 단돈 100원이면 몇 분에서 몇 시간까지 아이들의 친구가 되

어준 오락실 게임기. 스트리트파이터, 황금도끼, 라이덴, 1945 등 추억의 명작을 누구나 공짜로 즐길 수 있다. 내게 시간이 많았다면 마음 같아선 오락실 죽돌이로 빙의하여 유치원생, 초등학생 때의 모습으로 돌아가고 싶었지만 조금 체험해보고 향수를 느끼는 시간으로 만족해야 했다.

지하의 스페셜룸에서 나오는데 직원 한 분이 나에게 말을 걸어온다. 과거 브롬톤 유저였고 유명 포털사이트에서 활발한 활동을 하시는 서정모 과장님. 게임을 좋아한다면 이분 닉네임을 한 번쯤 들었을 거다. 루리웹이니 내오위즈 등에서 '아카나(ACANA)'라는 닉네임을 사용하며 직접 게임기를 제작해 그 과정을 올리는 분인데 지금은 박물관의 테크니션으로 재직 중이다. 게임과 브롬톤 이야기를 하다 보니 친밀감이 급상승. 이렇게

만난 게 인연이라며 기념품 가게로 데려가서 '마리오 반지'를 선물받았다.
　기념품숍 옆에 위치한 레스토랑은 전자기기 패널처럼 인테리어가 구성되어 있고 플로피디스크, 키보드 등의 모양을 가진 특이한 음식으로 가득찼다. 과장님께서 추천해주신 안심크림파스타를 주문했는데 맛이 일품이었다.
　그렇지만 여기 온 다른 목적이 있었으니 바로 '키보드 와플' 세트를 먹어보는 것! 와플 위에 달콤한 가루가 있고 생크림과 과일이 나온다. 직접 만든 과일 아이스크림도 함께 나오는데 먹어 보면 건강해질 것 같은 맛의 천연 아이스크림이었다.
　넥슨박물관에서 특이한 체험을 많이 하고 다음 목적지인 소인국박물관으로 향하는 길. 여기서 문제가 발생했다. 지난 대구에서처럼 GPS가 내 위치를 잘못 인식한지도 모르고 지도상에 15km라고 쓰여 있기

에 막연하게 가벼운 마음으로 라이딩을 했다. 가도가도 목적지까지 거리는 좁혀지지 않았다. 무턱대고 계속 달리고 나서 나중에 안 거지만 난 오늘 70km를 배터리없이 주행했다. 박물관이 숙소 주위였던 터라 가볍게 산책하듯 다녀오려고 배터리를 두고 나온 게 화근이었다.

제주도에 와서 대부분 해안도로를 이용하는 사람이 많아 시내의 자전거 도로가 어떤지 궁금해하는 분이 있을지 몰라 설명하는데 거의 모든 길을 자전거 도로로 만들어놨다. 노면상태가 매끄럽지 못한 곳이 더러 있어서 차도로 가는 게 편할 때가 있지만 자동차와 부딪힐 염려는 없게끔 잘 만들어놨다.

한참을 달리다 멀리 이정표가 보이길래 쳐다봤는데 '본태박물관'이라고 적혀 있다. 난 왜 지절 '본대박물관'으로 본 건지 모르겠지만 가까이 오니 '본태박물관'이라는 걸 알았다. '본태'면 우회하여 한 번쯤 방문하려고 했는데…. 한두 시간을 더 달려 수인국 박물관에 도착했다.

국내, 세계의 유명 건축물을 축소시킨 미니어처를 볼 수 있는 소인국 테마파크. 불국사, 제주국제공항, 오페라하우스, 피사의 사탑, 에펠탑, 피라미드 등 30여 개국 100여 점의 미니어처가 전시되어 있었으나 솔직히 말해서 내 깐깐한 이목을 끌진 못했다.

전시관 입구

돈 아깝지 않으려면 빨리빨리 걸어서 다 봐야 하는 법. 실내 전시관도 있어 그곳을 기대해본다.

복고풍 테마로 구성된 실내 전시관은 60~70년대 영화관 매표소 스타일로 전시관 입구를 꾸며놓은 만큼 범상치 않은 포스를 자랑했다.

위세 있는 어르신들께서 좋아하실 옛날 영화관도 있다. 들어가 보니 할머니께서 풋풋한 소녀의 모습으로 돌아가 옛 영화를 보고 계셨는데 그 모습을 보고 있자니 흡족한 마음과 짠한 마음이 교차했다. 나이를 막론하고 옛 추억은 어느 누구나 소중한 것이니까…. 음악다방, 옛날 구멍가게, 사진관, 세탁소, 학교 등 어머니, 할머니 세대가 좋아하실 만한 미니어처로 꾸며났다. 기회가 된다면 부모님과 손잡고 방문하여 어릴 때의 어머니 모습을 들어보는 것도 좋을 듯하다.

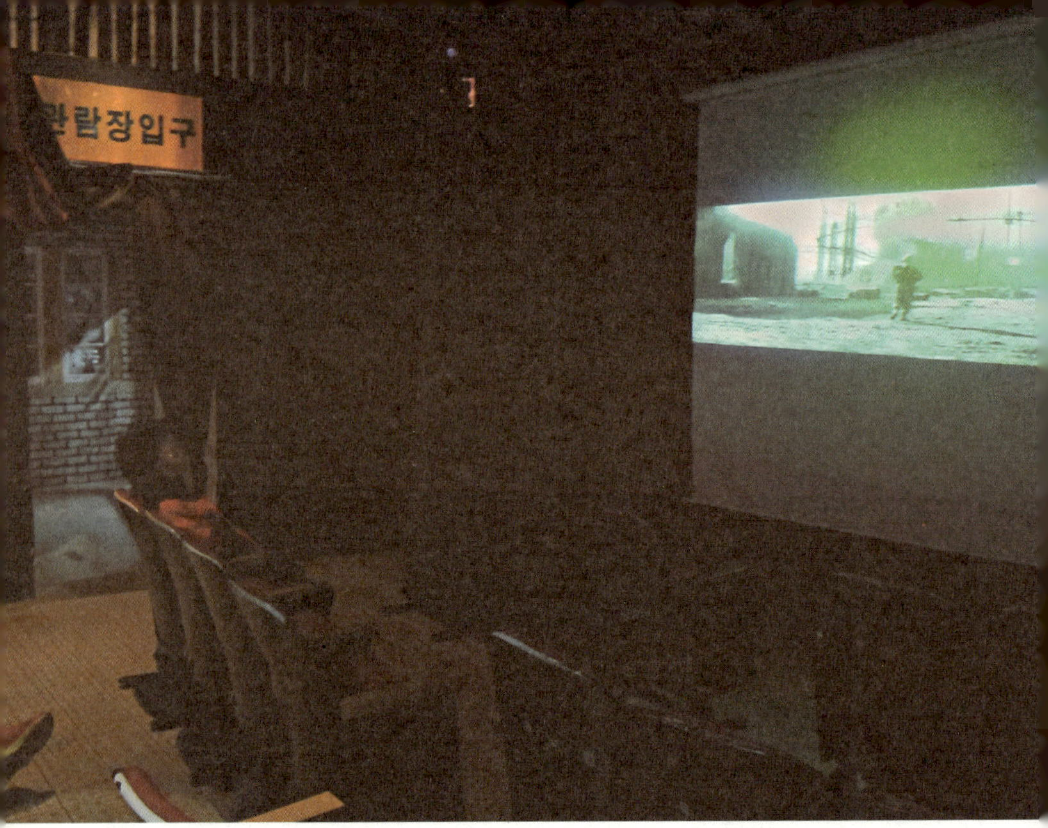

어두워지기기 전에 숙소로 돌아가기 위해서 미친듯이 달렸는데 마음처럼 속도가 나지 않는다. 무서운 제주도 역풍이 찾아왔고 짜증나게도 지옥같은 끝없는 오르막길이 시작된 것이다.

잠시 망각했는데 제주도는 화산섬이었지. 해안을 따라 빙빙 돌아가기에는 숙소까지 너무 멀고 오르막길을 돌파해야 하는데 배터리가 없어 고민이다. 아침엔 샤방한 라이딩을 꿈꾸며 출발했는데 배터리 없이 숙소로 복귀하는 지금은 역풍을 피해 잔뜩 몸을 움츠린 채 나 자신을 탓하고 하늘을 탓하는 투덜이 라이더일 뿐이다. 정신없이 부는 바람에 갈대도 흩날리고 내 머리카락도 흩날리고 정신도 흩날린다. 우여곡절 끝에 그래도 무

사히 도착. 폐인처럼 몰골이 말이 아니다.

내 모습을 본 친구는 배꼽잡고 웃기만 할 뿐이다. 뚱한 표정으로 친구를 쳐다봤더니 미안했는지 제주도도 왔는데 흑돼지를 빼놓을 순 없다며 고깃집을 가자고 했다. 신 난다. 몸보신해야지!

제주도에서는 '멸젓'이라 부르는 소스를 곁들여 찍어 먹는다고 한다. 진한 새우젓 같은 맛인데 내 입맛엔 딱이다. 오통통한 살과 지방이 절묘한 배합을 이룬 매력적인 흑돼지의 맛. 힘들었던 아까의 라이딩은 잊은 지벌써 오래다.

원기도 회복했으니 내일의 들불축제 퐈이어~! 점화 행사도 즐길 수 있겠지. 이 행사를 보기 위해 현 숙소에 오래 머문 것인데 못 보면 얼마나 서운할까! 숨지도 모른나. 들불축제를 마지마으로 헤안도로를 띠라시 제주도 일주를 한 뒤에 완도로 갈 예정이었으나 날씨가 어째 좋지 않다. 다음 주 내내 비소식이다. 발이 묶일 것 같은 불길한 느낌이 엄습해 오는 건 왜일까?

제주도(3월 9일)

내 인생 최고의 불놀이

13일차 - 키티 아일랜드, 들불축제

이동경로 : 93km

제주도 23km, 도보, 차량 이동 70km

기다리고 기다리던 D-day. 나를 제주시내에서 3일씩이나 머물게 만든 장본인인 들불축제가 열리는 날이다. 제주도에 도착한 첫날 들불축제 관광패키지가 보여서 뭔가 하고 알아봤더니 제주도에서는 서울로 치면 여의도 불꽃놀이축제와 같은 거대한 축제기간이 찾아온 것이다. 천우신조 굿 타이밍인데 당연히 축제에 참여해서 함께 즐겨야 하지 않겠는가!

오후 7시에 시작하는 들불축제 점화행사. 수많은 사람들이 행사에 참여할 거 같아서 자전거로 가기엔 무리라 판단, 친구들과 렌트카를 이용해 다녀오기로 결정했다. 미니벨로의 장점이라면 수납이 용이하게끔 잘 접히는 거 아니겠는가?

나는 이렇게 차편으로 이동하는 것도 미니벨로의 특별한 기능이라 생각해서 부정적으로 생각하지 않는다. MTB나 로드가 산길, 평지에서 최고의 성능을 발휘하는 자전거라면 미니벨로는 어느 곳이든지 가져갈 수 있는 휴대성이 가장 큰 매력이다. 우선 약속 장소인 제주공항까지 해안도로를 따라 이동했다.

한가롭게 풀을 뜯고 있는 말의 모습도 보이고 제주도 특유의 현무암으로 구성된 담장 낮은 돌담도 보인다. 제주도의 민가는 도둑이 별로 없어서 대문이 존재하지 않고 외부 침입자로부터 집을 보호하는 목적으로 담장이 존재하는 게 아니란 것이 특색이다. 집구조가 탁 트여 있어 시원해 보이고 평화롭게 느껴신다. 제수

시내만 돌아다녀서 그동안 못봤던 바다도 이제서야 본다. 잔잔한 파도를 보고있자니 잡생각이 사라지고 머릿속이 청량감에 사로잡힌다. 앞으론 바다와 지겹도록 사랑을 나눌 예정이다.

역시 공항이 따듯하고 편하다. 기다리는 시간에 짬을 내어 눈을 붙이려 하는 찰나 아저씨 한 분이 오시더니 여행 다니냐며 이것저것 물어보신다. 아들과 함께 여행해보는 게 목표라 하시면서 좋은 추억 만들다 가라고 응원해주셨다. 그러고 보니 아버지가 바쁘셔서(어쩌면 나만의 핑계일 수도 있지만 말이다) 아버지와 여행한 게 언제인지 기억도 나지 않는다. 쉬는 동안 기회가 생기면 가까운 곳이라도 가족여행을 다녀와야 마음이 조금 풀릴 듯하다. 효자는 못 되겠지만 불효자는 되지 말아야지.

얼마 후에 친구가 도착하여 모닝 자동차에 트레일러와 브롬톤을 싣고 헬로키티 아일랜드로 향했다.

일본에서 헬로키티가 1974~5년에 태어났다고 하니 이 고양이도 어느덧 중년 아줌마가 다 됐다. 남녀노소 좋아하는 선풍적인 캐릭터이자 어린아이들보다는 이삼십 대 층에서 더 인기 있는 헬로키티.

도착하자마자 좌중을 압도하는 엄청 큰 헬로키티 모형이 우릴 반겨준다. 핑크빛으로 물든 건물 외관부터 키티 세상이 펼쳐지는데 과연 입장료 12,000원의 값어치를 하게 될까?

　반신반의 상태로 입장 후 1층 중앙홀부터 이미 장난감 집에 들어온 듯한 분홍색 집이 보인다. 박물관에서 빼놓을 수 없는 게 연혁소개! 특별한 관심을 끌지 못하는 헬로키티의 역사가 소개되어 있다. 더 지나서 홀로그램 키티도 보이고 핑크빛으로 물든 방 안에 키티 캐릭터로 이뤄진 가구, 소품 등이 전시되어 있다.

　어린아이들과 같이 온 친구는 환장하고 있는데 난 화장실이 급해서 대충 좋아해 주었다. 심지어 소변기도 헬로키티 고양이가! 아이들을 위한 놀이공간도 핑크로 마련되어 있고 키티 카페, 기념품 가게 온통 핑크빛이다. 정신이 혼미해지고 취하는 거 같아 옥상정원으로 올라샀더니 그곳에도 헬로키티가 있다.

　아무리 내가 키티를 좋아하고 이곳이 키티박물관이라고 하지만 계속 보고 있자니 핑크포비아, 캣포비아에 걸릴 가능성도 있을 듯….

키티 케이크

옥상정원

어느 곳이나 비슷하지만 기념품숍을 마지막으로 관람은 종료된다. 핑크 마니아이자 키티마니아인 친구한테 미안했지만, 정신건강을 생각해서 서둘러 빠져나왔다.

헬로키티 인형 자체가 많이 전시되진 않았지만 키티 캐릭터를 활용해 만든 가구나 소품들이 많고 어린아이들을 위한 놀이공간도 있으니 아이를 동반한 가족여행으로 오기엔 괜찮은 곳이라 생각한다.

오늘의 메인이벤트! 들불축제를 즐기기 위해 이동했다.

새별오름에 도착하니 바람이 세차게 불고 날씨가 쌀쌀해 걱정이 이만저만이 아니었다. 혹시 몰라 준비한 핫팩을 친구들에게 나눠줬다. 곧 눈앞에 펼쳐질 멋진 장관을 보기 위해서 이 정도 고생쯤은 견뎌야 하는 것. 혹한기 훈련도 무사히 마쳤는데 제주도의 추위쯤은 아무것도 아니다. 완전무장을 마치고 들어선 축제장은 어마어마한 인파로 붐볐다. 화장실을 가기 위해 기나긴 줄을 기다리기도 하고 사람들에게 밀려나 미아가 되기도 했다.

저녁도 안 먹고 돌아다닌 우리에게 악마의 유혹을 건네는 호객행위가 있었는데 바로 '통돼지 바비큐'. 먹지 않고는 그냥 지나칠 수 없는 강렬하면서도 맛있는 냄새가 코끝을 자극했다.

축제 행사 때 등장하는 포장마차는 대부분 값비싼 음식을 판매하나 식욕을 자극하는 음식이 많아 지갑 열리기는 언제나 대풍년이다. 야외에서 음식을 먹는 것, 특히 술과 고기를 밖에서 먹는 것은 아휴~ 끝내준다. 테이블에 도란도란 모여앉아 지화로 잘 태닝한 돼지님과 이묵탕, 찍두기와의 접선을 시작한다.

돼지 교수님 옆에서 같이 태닝 중이었던 메추리 선생. 메추리알은 흔해도 메추리구이는 흔히 볼 수 없는 레어 아이템이다. 흔한 가격이 아니라서 음미하지 못한 게 매우 아쉽다.

바비큐를 다 먹으니 점화식이 시자

139

메추리 구이

됐다. 어린아이처럼 신이 나서 '빨리 와 빨리'를 연발하며 언덕 위로 올라갔다.

밤하늘을 아름답게 수놓은 불꽃놀이를 시작으로 드디어 합법적으로(?) 산에 불을 지핀다. 통 크게 불 지르다 보니 추워서 오들오들 떨던 게 한 번에 사라질 정도다.

영화에서 폭탄이 터진 후 나오는 거대한 화마처럼 주변이 온통 불천지다. 잡목이 타들어 가면서 그 속에 숨어 있던 글자가 나타났다.

장관이다. 다들 스마트폰을 꺼내 들고 사진 찍기에 바쁘다. 직접 보지 않은 사람에게 이 감동을 어찌 전할지 막막할 정도로 말로 표현하기는 더 이상 어려울 듯하다.

들불점화라는 메인디시를 배불리 먹고 돌아가는 길에 우연히 애피타이저도 곁들이게 되었다. 갑자기 하늘 위에서 불빛 하나가 빠른 속도로 쭉 내려오다가 어느 순간 사라졌는데 이 모습을 함께한 모두가 말문이 막혔다. 쉽사리 보기 힘들다는 '유성', '별똥별'을 마주한 순간 다들 소원 빌었냐며 돌아가는 차 안이 소란스러워졌다.

축제를 즐겼다면 뒷풀이도 필수다. 이대로 헤어지기엔 다들 아쉬웠는지 첫날 친구 소개로 갔던 횟집을 다시금 방문하였다. 음식 앞에서 나 자신과의 약속은 철저히 지킨다. 오늘 저녁 연속으로 맛있는 음식을 먹었으니 내일 라이딩은 문제없을 것이다.

내일부터는 해안도로를 따라 달릴 예정이다. 정든 친구들과도 작별을 고해야 할 시간이나. 여행 시작한 지 2주차. 만남과 이별에 조금씩 익숙해져 가는 나 자신이다.

Guest Talk

여행 중 만난 인연

유일한(30세) – 메카닉 유

Q 미니벨로를 타게 된 이유가 있다면?

A 대학교 2학년 때 스쿠터 사려고 여기저기 검색하다 미니스프린터에 꽂힌 게 미니벨로에 관심을 가진 시작인 거 같군요. 미니벨로는 바퀴가 작으니 큰 바퀴 대비 경쾌한 느낌으로 라이딩 할 수 있는 게 좋더라고요. 브롬톤은 취업해서 학자금대출 청산하고 뿌듯한 마음에 나한테 주는 선물로 샀는데…. 너무 잘한 일 같아요.

Q 현재 메카닉으로 있으시다고 했는데, 어떤 계기로 메카닉이 되셨나요?

A 현재는 다시 자유로운 상태(백수), 그 당시 메카닉으로 일한 이유는 회사 그만두고 쉬면서 공부하고 있는 중 우연히 기회가 생겨서 배워보자 생각이 들어서 일했죠. 근데 내 자전거 정비는 쉬운데 돈 받고 남의 자전거 고치려니 많이 힘들더군요. 그래서 다시 프리한 상태가 되었죠.

Q 자전거 여행 경험이 있다면 경험담 좀 들려주세요.

A 여행보단 일상에 녹아 있는 라이딩을 좋아해요. 자전거를 타고 친구를 만나거나 쇼핑을 즐겨해요. 기회가 된다면 『냉정과 열정 사이』에 나왔던 이탈리아 프라하 뒷골목을 자전거 타고 누벼보고 싶어요.

제주도(3월 10일)

나도 제주도에서 살고 싶다

14일차 - 서쪽 해안도로,
찍사 님 집

이동경로 : 69km

제주시 → 서귀포시 찍사 님 집 64km, 도보와 차편 5km

　유난히 기분 좋은 맑은 날, 제주도에서 일 년 중 손꼽히는 날씨가 바로 오늘의 날씨다. "햇빛 눈이 부신 날에 이별해봤니? 비 오는 날보다 더 심해~" Ref의 〈이별공식〉이 생각나는 날! 제주도에 도착한 후에 늘 함께였던 고동안 정들었던 친구들과 이별하는 날이다. 계속 신세를 지고 남은 여행 일정에 동참하게끔 만들 수가 없기에 쿨하게 헤어져야 한다. 마지막으로 친구랑 만나기 위해 나가는 길….

　타 지역에선 희귀암석, 제주도에서는 보도블럭에서도 볼 수 있는 친근한 암석인 현무암. 제주도 서쪽이 현무암으로 이뤄진 지형이니 온종일 구멍 뚫린 이 친구들과 함께할 것이다.

　친구들과는 점심 무렵 만났는데 전날 들불축제 뒷풀이 여파인지 다들 늦게 일어났다고 했다. 우선 렌트카에 브롬톤과 트레일러를 실어서 공항으로 이동했다. 특별한 이유는 없지만 공항에서 시작해 제주도를 돌려고 하기 때문이다.

　트레일러 내부는 먹을 것이 별로 없는 데다가 양말, 속옷도 사용 후 버렸더니(여행 출발 전 일부러 일회용이 될 만한 해진 속옷과 양말 몇 개를 챙겨왔다) 짐이 많이 줄어든 상태다. 적재량을 최소로 하고 싶어서 잘 먹

지 않은 된장도 인심 좋게 새로 알게 된 향미 씨에게 선물로 줬다. 군자의 마음으로 그걸 받아주는 향미 씨. 오히려 고맙다고 한다. 침낭도 트레일러 안으로 넣을 수 있게 되어 외관도 깔끔해지고 무게가 가벼워지고 좋다.

근처 카페에서 마지막으로 친구들과 작별 인사를 하고는 공항에서 해안도로를 따라 서쪽으로 이동하기 시작했다.

오늘의 목적지는 서귀포시에 거주하는 브롬동 동호회 "찍사" 님 집이다. 제주도에 도착했을 때 실시간으로 올린 여행기를 보셨던 찍사 님께서 집으로 초대한 것이다.

저 멀리 한라산이 선명하게 보일 정도로 푸른빛 하늘을 자랑한 오늘. 이제서야 제주도의 푸른 바다를 마음 놓고 제대로 감상한다. 5일 차임에도 불구하고 바다를 가까이서 접한 게 별로 없었기 때문이다. 과거 신혼여행사진 성지라 불린 '용두암'처럼 제주도에는 먼 옛날 화산활동으로 자연이 빚어낸 다채로운 해안 바위가 많이 존재한다.

드라마나 영화에서 심심찮게 등장하는 방파제 끝에 위치한 빨간 등대. 등대 잎에서 바다를 바라보며 회상에 잠기거나 소주병을 옆에 둔 채 고뇌하는 주인공의 모습이 등장하는가 하면 헤어진 연인들이 재회하는 만남

의 장소로 자리 잡은 빨간 등대다. 난 특별히 누군가를 기다리지도 않고 고뇌에 잠기지도 않았지만, 이국적인 풍경에 사로잡혀 쉬었다가 떠나는 나그네의 쉼터 역할로 빨간 등대 옆에 앉아 있었다.

기다리고 계실지 모르니까 갈 길을 재촉한다. 어느 순간부터 제주도 기념물로 지정된 '손바닥 선인장'이라고도 불리는 백년초 농장이 나왔다. 골다공증, 류마티스 관절염 예방에 좋다고 소문난 터라 몇 개 따가고 싶었으나 백년초 서리가 절도죄가 되어 형사처벌 받을까 봐 꾹 참았다. 재배량이 많은 걸로 봐서 최근 그 인기를 실감할 수 있었지만, 끝없이 펼쳐진 백년초밭을 보며 달리

백년초 선인장

자니 서서히 지겹다.

인천 아라뱃길에도 이런 게 있지만 바로 아래까진 진입 금지라 자세히 못 봤는데 뜻밖의 횡재였다. 브롬톤을 옆에 세워두고 사진 찍으려다가 바람에 자꾸 넘어져서 결국 같이 찍는 건 포기했다.

바람과 씨름하다 보니 서귀포시 모슬포에 진입 성공. 찍사 님 부부가 저녁 식사를 대접해 준 동성수산횟집에서 초록색과 노란색으로 도색된 브롬톤 커플도 함께한다. 아기돼지 삼 형제처럼 3대의 브롬톤이 나란히 모여 각자의 주인을 기다렸다.

또 다른 풍경을 찾아 떠나던 중 삼다도답게 바람이 많이 부는 곳이 나오자 거대한 바람개비들로 즐비한 풍력발전소가 있었다. 가까이서 보니 정말 어마어마하게 큰 바람개비다. 어느 정도 전기가 생성되는지 궁금할 정도로 위압감을 자랑한다.

그 시각. 3명의 주인은 이런저런 담소를 나누며 즐거운 젓가락질을 시작했다. 이곳이 유명한 횟집이라고 했는데 역시 이름값 하듯 어마어마한 반찬 종류가 나온다. 반찬만으로도 배가 부를 정도다. 정작 메인 음식인 회는 나오지 않았는데…. 폐

이스를 조절해가며 입안에서 샤르르 녹는 회를 음미했다. 바닷가 항구에서 먹는 회는 언제든지 맛있다.

다정다감하게 서로를 챙기는 찍사님 부부를 보니 결혼하고 싶어진다. 때론 질투 나지만 행복해하는 모습을 보니 내 기분도 한층 up! 처음 뵙는데 기분이 좋아져서 수다스럽게 보일 정도로 말을 많이 해버렸다. 나의 이미지를 안 좋게 보실 수도 있었을 텐데 자상한 부부는 곧잘 말을 받아주신다.

저녁 식사를 마친 후 집으로 초대받아 같이 라이딩하며 이동했다. 찍사님 집에 들어서자 아기자기한 마당에 반해 '우아~' 감탄사를 연발한

행복해 보이는 찍사 님 부부

다. 조그맣게 조성된 인공 냇가에는 잉어도 살고 있고 나뭇가지를 따라 조명이 설치된 나무, 담장에는 유채꽃이 피어 있고 운치 있는 화로도 있었다. 누구나 한 번쯤 꿈꿀 만한 전원생활 분위기가 물씬 풍기는 집이었다. 이런 집에서 사는 게 인생의 목표인데 그저 부럽고 멋져 보였다. 아직

집을 다 못 꾸몄다고 말씀하셨지만, 지금 본 것만으로도 무척 아름
답고 예쁜데….

찍사 님 부부께서 직접 재배한 귤로 만든 주스도 3잔이나 마셨다. 평소
귤이라면 사족을 못쓰는 사람인데…. 조만간 잠자리에 누워야 해서 이 정
도로 참는다. 화로 주변에 둘러앉아 그동안의 여행기도 주저리 이야기하
며 다음 여행의 계획도 세워본다.

 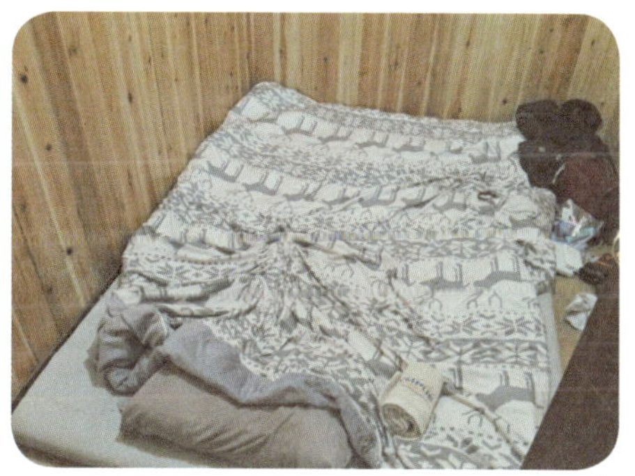

개인 별장에 쉬러 온 듯한 기분이 든다. 그야말로 몸과 마음이 편하다.
늦은 시간이었기에 따뜻한 온돌이 기다리는 방에 누워 잠을 청한다. 말이
청한다고 썼지 사실 눕자마자 곯아떨어졌다. 굿잠을 자야 하루의 시작과
끝이 완성되는 법!

제주도(3월 11일)

새로운 만남

15일차 - 나무이야기 게스트 하우스

이동경로 : 60km

찍사 님 집 → 나무이야기 게스트 하우스 60km

꿈도 꾸지 않고 정말 푹 잤다. 수면의 중요성이 언급되고 있는 요즘 온돌장치가 처음 생겼다는 청동기~철기시대에 살았던 조상님들에게 감사의 말씀 전해드리고 싶다. 일어나기 싫을 정도로 등짝이 따듯함에 눌러붙어있다. 좋은 잠자리를 제공해주신 찍사 님 부부 덕택이다.

피곤해서 생겼는지는 모르지만 며칠간 계속 있던 쌍꺼풀이 드디어 없어졌다. '쌍수'가 유행이지만 난 쌍꺼풀이 없는 눈을 선호하기 때문에 쌍꺼풀이 생겼던 동안에 얼마나 많은 스트레스를 받았는지 모른다. 저마다 취향은 다른 거니까….

찍사 님과 아침부터 주사 김정희 유배지를 다녀왔다.

추사 김정희는 18세기 말에 태어나서 19세기 세도 정치기에 활동한 조선 에원의 미지막 불꽃 같은 존재이나.

학지이지 예술가었딘 김징희는 당내의 청나라 지식이들을 경탄시킨 뛰어난 학자였다. '추사체'라는 독특한 글씨체를 만든 장본인이기도 하고 이곳 제주도 유배지에서 〈세한도〉를 그린 뛰어난 화가였다. 특히 겨울에 우뚝 홀로 솟은 푸른 소나무를 그린 〈세한도〉는 국보 180호로 지정된 가치 있는 그림이다.

김정희 선생은 안동 김씨 세도정치에 희생되어 9년간 제주도에 유배되었다. 억울한 누명으로 좌절할 수도 있었지만, 그는 9년의 세월을 헛되게 보내지 않고 제주 지식인들에게 학문적 영향을 크게 미쳤다. '추사체'와 〈세한도〉가 제주도 유배지에서 탄생한 결정체인데 이곳에서 제자들에게 학문과 서예를 가르쳤다고 한다. 제주도만의 독특한 대문인 '정낭'도 보이고 초가집의 특성을 여실히 살펴볼 수 있는 장소다.

유배지 견학을 다녀오니 맛있는 삼겹살이 기다리고 있었다. 아침에 삼겹살을 먹으면 피부도 좋아지고 든든한 하루를 보낼 수 있는 원동력으로 작용한다. 후식으로 직접 재배한 낑깡을 따다 주셨다.

소화도 시킬 겸 부동산 집방문 놀이를 해본다. 어젠 밤중이라 잘 몰랐지만, 낮에 보니 찍사 님 집은 정말 아름답게 꾸며져 있다. 마당에 있는 하나하나가 모두 예술 작품을 보는 듯하다. 돌담에 핀 노란 꽃들이 봄이 온 걸 알려주는 듯 생글생글 웃는다. 찍사 님의 또 다른 가족인 강아지도 새로운 여행객이 와서 반가웠는지 꼬리를 살랑 흔들거리면서 연신 주변을

맴돈다.

　이곳에 매료되었는데 난 손님일 뿐이다. 마음속은 이곳에서 죽치고 오래 머물다가 눈치 보일 무렵 떠나고 싶지만 '장돌뱅이'처럼 봇짐 대신 자전거와 함께 떠나야 할 운명이다. 떠나기 전 찍사 님 부부께서 끼니 거르니 다니지 말라며 귤과 주스, 아이스팩을 챙겨주신다. 나이가 들면 제주도에 와서 본격 귀농 프로젝트를 진행하고 싶은 마음이 굴뚝같아졌다.

아쉬운 작별 인사를 하고 다음 목적지를 향해 달려간다. "사람을 낳으면 서울로 보내고 말을 낳으면 제주도로 보내라."라는 속담이 있듯이 제주도는 말이 유명하다. 어제도 오늘도 한가롭게 풀을 뜯어 먹는 말을 자주 본다. 살랑살랑 꼬리를 흔들며 맛있게 먹고 있는 말이 부럽기만 하다. 항구에는 마라도로 향하는 배도 보였다. 우리나라 최남단 마라도를 이번 기회가 아니면 갈 수 없을 거 같아 배를 탈까 말까 고민했지만, 배를 기다리는 긴 줄을 보니 의욕이 사라진다. 역시 기다리는 건 별로 내 성격에 맞지 않는 것 같다.

라이딩만 하기에는 날씨가 매우 좋아서 푸른 하늘과 바다를 배경으로 자전거 증명사진을 찍었다. 내가 혼자 사진을 찍고 있자 지나가던 여행객이 와서 말을 걸었다. "사진 찍어 드릴까요?" 이런 호의를 베푸는 것에는 이유가 있을 것이다. 고등학교 동창으로 보이는 5명 정도의 여자들이 여행왔는 데 사진사가 필요한 것이었다. 그분들 사진도 찍고 내 사진도 찍는 win-win 전략을 달성한 것이다.

항상 사진 찍을 때마다 어떤 포즈를 취해야 할지 몰라서 V자를 그리며 찍었는데 뭔가 어색해도 한참 어색하다. 5대 1이라 쪽수에서 풍기는 아우라에 사진 찍을 때 기눌린 것일까? 잡담 대충하고 어색한 그곳을 빠져나왔다.

무슨 절인지 모르지만 규모가 큰 절도 보였다. 고즈넉한 사찰은 아닌 듯하여 방문은 하지 않았다. 현대식으로 만들어진 전통건물은 왠지 정감이 안 간다. 여담이지만 저녁에 여행기를 쓸 때 댓글이 달려 있어서 봤더니 여기서 나를 본 분이 쓴 글이었다. 말을 섰었으면 좋았을 텐데 쑥스러우서서 그지 쳐디민 보고 게셨다고 한다. 블로그에 실시간으로 매일 여행기

를 쓰며 이동하니 이런 추억도 생긴다. 생방송으로 여행하는 기분이다.

절을 지나쳐 달리니 성인들만 입장 가능한 성인박물관이 나왔다. 요즘은 인터넷으로 얼마든지 '성인전용'을 체험할 수 있으니까 관람 욕구가 크게 생기지 않았기에 입구의 조형물만 찍고는 돌아 나왔다(음~ 그러고는 나중에 인터넷으로 그곳을 검색해봤다). 한 번쯤 가볼 만한 곳이랄까? 단 성인들만 가능하다!

오늘은 어디서 잘까 고민을 하다가 제주도에 오면 꼭 가보고 싶었던 게스트하우스에서 숙박하기로 결정했다.

소셜마켓에서 게스트하우스를 검색하고는 티켓을 구매! 오늘 묵을 게스트 하우스인 나무이야기로 향했다. 최신 기기들의 도움을 받으며 여행

하는 게 즉흥여행에는 큰 도움이 된다. 예전 같으면 미리 전화로 예약을 해야 했을 텐데 말이다. 거기다 비성수기에 여행하면 잠자리 걱정은 반으로 줄어드니 성수기를 피해 여행하는 것도 하나의 방법이다. 나침반과 종이지도를 사용하는 아날로그식 여행도 또 다른 재미가 있겠지만 들고 다니는 스마트폰이 일당백이니까 이 친구와 함께하면 모든 게 해결된다. 참 똑똑한 친구다. 물론 길을 잘못 알려줄땐 짜증 나지만….

원숭이도 나무에서 떨어질 때가 있다. 가는 길에 길을 잃어 귤나무 농장으로 들어가게 되었는데 한 2시간을 헤맨 거 같다. 농장이 너무 크다 보니 내 위치를 잃어서 한참 헤맸다. 그냥 지도 들고 다니는 게 빠를지도 모른다. 스마트폰이 대신할 수 없는 건 뛰어난 인간의 감일 것이다. 지리학의 아버지 김정호 서생님의 참뜻을 이제야 알 거 같다

결국 땅거미가 진 후에야 게스트 하우스에 도착했다. 스탭분이 내 자전거를 보더니 브롬톤 아니냐며 아는 체를 하셨다. 브롬톤을 알아보다니 자전거를 타시는 분인가 보다.

방을 배정받고 제일 먼저 배터리를 충전하기 위해 충전기를 꺼내 드니 여행 중 트레일러 안에서 끊겼는지 절단되어 있었디. 망연자실하며 게스트하우스에 도움을 요청했지만, 인두가 없단다. 배터리는 나의 정신적 지주인데 기분이 다운됐다.

배터리 수술을 집도하기 위해 근처 카페에서 인두기를 찾기로 한다. 역시 없다. 기대한 내가 바보다. 대신 조금 옆으로 가면 문방구가 있다고 한다. 오잉? 문방구에 가니 학생들이 쓰는 인두기가 있었다. 웬일이래? 문방구에 인두기도 팔다니 신기하다.

여행하면서 인두까지 쓰게 될 줄은 몰랐다. 문제는 프로그램을 전공한 나. 기계전공이 아니다 보니 인두기를 중학생 때 이후로 처음 써보는 거였다. 혼자서 낑낑대며 자꾸 떨어지는 납을 붙이고 있자니 게스트 하우스 사장님이 옆에 와서 도와주신다.

여기서 에피소드가 있는데 내가 납땜질하려고 낑낑대다가 잘 붙어 있던 한쪽마저 떨어져 완전히 절단됐다. 플러스 마이너스 구분을 못해서 생긴 일. 전동업체 폴바이크 대표님이 생각나서 바로 전화를 걸어 도움을 요청했다. 풀이 죽은 목소리로 전화를 거니 내 목소리를 들은 대표님이 깜짝 놀라신다. 자초지종을 설명하니 사진 찍어 보내달라고 말씀하셔서 카메라를 누르던 중 우연히 갤러리에 언제 찍었는지도 모르는 땜질 된 충전기포트 사진을 발견했다. 여행 사진을 올리려고 집에서 미리 찍어둔 듯하다. 그 사진 덕분에 무사히 충전기 수술이 완료되었다.

마음의 여유를 찾자 게스트 하우스의 이곳저곳을 둘러본다. 아기자기한 소품들이 많아 보는 눈이 즐겁다. 저녁시간이 되자 바비큐파티를 한다고 사람들이 모이기 시작했다. 야구선수, 공학도 등 다양한 직업을 가진 사람들이 음주가무로 금세 친해졌다. 수줍음을 타던 막내인 '최종병기 안병기'는 근사한 랩을 선보인다.

설거지 담당을 뽑는 게임에 져서 나와 거제도 친구 다영이가 당첨됐다.

내가 지냈던 방

피하고 싶은 게임에는 항상 운이 따르질 않는다. 사투리를 쓰는 다영이의 모습이 귀여워서 힘을 내어 후딱 끝낸다. 사투리에 이상한 집착이 생기는 나다. 점점 묘한 술기운에 취해만 간다. 취할 때는 그저 빠른 취침만이 답이다.

제주도(3월 12일)

전직해버려?

16일차 - 건축학개론 카페, 게스트 하우스

이동경로 : 13km

게스트 하우스 → 건축학개론 카페

예쁜 하늘을 자랑한 어제와는 달리 아침부터 부슬부슬 비가 내린다. 문득 창밖의 빗물을 감상하며 커피 한잔의 여유를 가지고 싶었다.

거실로 나가니 다른 숙박자들은 이미 나갈 준비를 끝내고 일정을 이야기하고 있다. 옆에서 사람들 쪽을 힐끔 바라보다가 서로의 정보를 교환하기 시작했다. 게스트 하우스의 장점이라면 정보 교류다.

우리는 집주인이 아닌 손님이다. 각자의 목적지가 따로 있기에 한 명씩 점점 사라져간다. 어제 같이 설거지를 하면서 정들었던 다영이를 마지막으로 모두 떠났다.

오늘 비가 온다는 일기예보 때문에 나는 하루 더 게스트 하우스에 있기로 결정했다. 설렁설렁 늑장 부리면서 건축학개론에 나와 유명해진 서연의 집 카페를 가기 위해 밖으로 나오니 어제 바비큐 파티 후 친해진 은교 누나와 채원 누나가 나를 반긴다. 비가 오기 전에 한라산을 다녀왔다고 한다. 부지런하기도 하시지~

윤지랑 다영이, 여행사 근무하셨던 형님

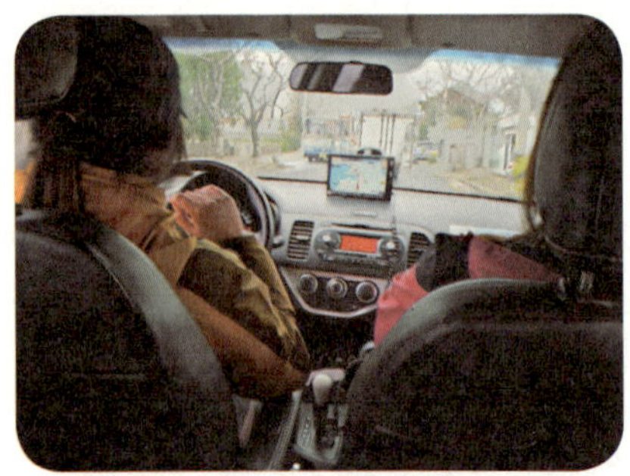

　운 좋게 카페를 가려고 했던 누나들의 차에 합승하게 돼서 서연의 집 카페로 향했다. 이곳은 건축학개론 촬영지 카페로 유명한 곳이라고 한다.

　카페 외관은 국민 첫사랑이란 애칭을 붙게 만들었던 수지가 출연한 건축학개론 영화에서 나온 그대로다. 뭔가 기분이 오묘했다. 영화 포스터도 붙어 있고 영화에 나왔던 CD플레이어라던가 건축모형 등의 소품도 전시되어 있고 손바닥 도장(?)도 있었다.

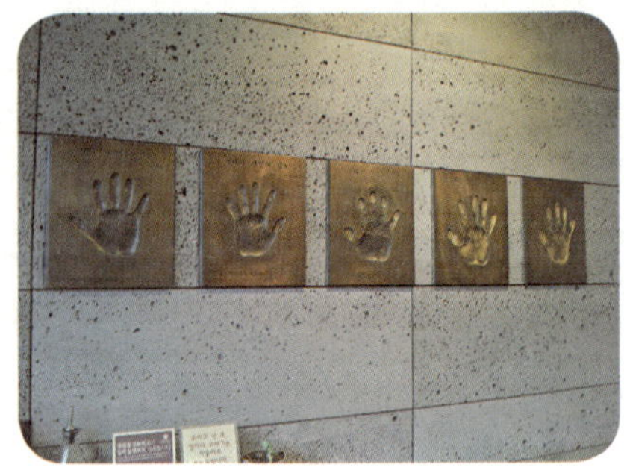

영화에 출연한 카페답게 영화와 관련된 내용이 벽면에 전시되어 있었다. 카페 내부는 사진 찍는 사람들로 북새통을 이룬다. 차 마시러 오는 사람들보다는 사진 찍으러 온 사람이 더 많을 정도다.

우리도 사진만 찍고 커피가 맛있는 카페는 숑커피집(?)이 유명하다고 해서 그리로 이농하기로 했다. 카페 밖을 막 나온 찰나 윤지가 지나가고 있었다. 윤지는 5번 올레길 코스로 걸어가고 있었는데 우연찮게 딱 마주

친 것이다. 우연한 만남은 기쁨이 배가 되는 법, 같이 합승해서 숑카페로 이동했다. 사람들과 정이 많이 들었다는 윤지도 게스트 하우스에서 하루 더 숙박하기로 했다.

가페에 노착해 맛있는 와플도 먹

고 커피도 마시고 한참 수다를 떨다가 윤지는 다음 코스를 위해 먼저 일어났고 난 누나들과 커피를 마시며 다음 일정을 생각했다.

숙소로 돌아오니 나무이야기 사장님께서 감미로운 기타연주를 하고 계셨다. 마음이 정화되는 것 같은 잔잔한 음악이 흘러나오자 나도 모르게 앉아서 음악감상을 한다. 음악의 힘이란 참으로 무섭고 위대하다. 음악치료도 있을 만큼 인간의 감성을 좌지우지하는 게 음악의 매력이다.

조금 있으니 은교 누나가 김치빈대떡을 해 먹자고 밀가루를 사오셨다. 비가 오는 날은 빈대떡에 막걸리가 뭐니뭐니해도 최고다. 막걸리가 없어 맥주로 대신했지만, 덕분에 맛있는 간식을 먹었다. 받는 게 있으면 주는 게 있어야 하는 법! 나는 타로점을 봐 드리기로 했다. 여행 출발 전 혹시나 싶어 타로카드를 가져왔는데 그동안 가방 속에 처박혀 있다가 이제야 밥값을 하러 등장하셨다.

타로마스터처럼 점을 잘 보는 건 아니지만 그냥 재미로 볼 정도는 됐기에 판을 벌이기 시작했다. 타로를 보다 보니 지나가던 게스트 하우스 투숙객들이 한 명씩 줄을 서신다. 오! 여기서 돈받고 영업해도 되겠는데? 장사가 잘되다 보니 기분도 좋

다. 점이란 게 너무 믿어서도 안 되고
그저 재미로 봐야 한다는 걸 명심하시
길! 점을 공짜로 보는 게 아니라며 고
마워 하시면서 복채도 내주고 가신다.
하나둘 복채가 쌓여…. 한 끼 식사비용
이 마련됐다. 올레~

본격적인 타로전문가가 되어야
하나 고민을 하던 중 어제에 이어
바비큐파티가 열렸다. 체력적인 문
제도 있고 오늘은 참여하지 않으려
고 했지만, 어제 친해진 누나들과
친구들이 함께하자고 해서 못 이기
는 척 참여했다. 오늘 들어온 새로
운 친구도 사귀고 막내가 연주하는 기타와 노래를 들었다. 핑거스타일까
지 구사하는데 입이 벌어진다. 캬…. 기막히구나!

무드 잡아보겠다고 투명한 한라산 소주병 옆에다가 핸드폰 불빛을 비
췄더니 이거 은근히 근사하다. 고기는 우아하게 구워먹어야 제맛을 내기
때문이다.

오늘도 게스트 하우스에서 참 많은 친구들을 사귀었다. 전직 인테리어, 간호사, 방송작가 등 이번에는 같은 또래들이 많아서 말이 잘 통해 왁자지껄했다. 취침 전 거실로 나와 블로그를 쓰고 있는데 너무 아쉽다며 2차를 가자고 한 명씩 모이기 시작해 술자리를 함께하게 됐다.

숙소 옆에 있는 주점에 모여 마지막 밤을 불태워본다. 다들 좋은 사람들인데 헤어질 생각을 하니 가슴이 아프다. 이야기하니 기분이 좋아서 한 잔 더~ 가슴 아파서 한잔 더~ 내일을 위해서 한잔 더~ 술 마시는 것도 저마다 여러 이유가 있을 것이다.

나무이야기 게스트 하우스는 1시부터 통행금지가 되는데 오늘 내가 묵는 방에 손님이 없어서 4인실을 혼자 쓰다 보니 해장엔 아이스크림이 최고라며 내 방에 모이기로 한다. 그렇게 내 방으로 모였지만…. 게스트 하우스 스탭에게 딱 걸려서 강제해산을 당하고 말았다. 무슨 수련회 온 기분이 든다. 봐줄 만도 한데 너무 FM이시다. 뭐 이런 것도 다 좋은 추억이지 않을까?

잠이 잘 올지 모르겠다. 여행 다니면서 만난 사람들과 블로그 주소를 자주 교환했지만, 전화번호는 별로 교환하지 않았었다. 여기 와서는 사람들과 무척이나 정들어 버려서 전화번호를 나누기로 했다. 서울 가면 또 한 번 모이세! 이렇게 다짐하고 지방분들도 지방에 오면 서로 보자고 난리다. 모두들 내 블로그에 놀러와 여행기를 보겠다고 하니 여기서의 추억은 잊지 않을 듯싶다. 내일 아침 일어나면 무거운 발걸음을 어떻게 떼야 할지 막막하다. 일단 오늘 걱정은 내일로~.

제주도(3월 13일)

한라산을 넘다

17일차 - 쇠소깍, 한라산

이동경로 : 60km

게스트하우스 → 제주시 숙소

　새벽부터 일어나 거실로 나간다. 이곳에서의 마지막 날이라 정들었던 모든 이에게 얼굴을 마주하면서 인사하고 싶었다. 일찍부터 기다려야 다들 나가는 걸 볼 수 있을 테니…. 제일 일찍 나온 것인지 아직은 아무도 없다.

　창밖의 날씨는 오늘도 좋지 않다. 태풍이 부는 것처럼 성난 바람이 나무를 세차게 흔든다. 우도행 여객선도 안뜬다는 소식을 접하자 우도에서의 텐트로망은 저만치 물 건너가 버렸다. 텐트를 쳐 본 지도 꽤 오래된 거 같은데…. 어떻게 할까 고민할 무렵 막내 둘이 비닐로 발을 감싸고 나온다. 어제 비에 신발이 젖었는데 안 말라서 생각한 응급조치라고 한다. 곧이어 누나들이 나오더니 비오니까 라면을 먹자고 하신다. 최후의 조찬을 함께한 후 정든 이들을 떠나보낸다.

　마지막으로 민경이와 현이가 남았다. 오늘 쇠소깍과 이중섭 미술관을 간다고 해서 우도로 못 가게 된 나도 따라나서기로 했다. 제주도 동쪽 해안도로를 이용해 일주하려던 계획을 급변경하여 한라산 루트를 가보기로 마음먹었다. 누구나 힘든 길은 피하고 싶은 법! 남들이 꺼리는 길을 정복하기로 한다. 잠시 봉인되어 있던 도전욕구가 고삐 풀린 망아지처럼 미친 듯이 샘솟기 시작했다.

　게스트하우스 스텝분이 자살행위라며 극구 말린다. 자기도 자전거를 타지만 산을 오르는 입구에서 돌아 나오게 될 거라고 말한다. 그래도 해보고 싶다. 내가 다시 게스트하우스로 오면 실패한 거고 안 오면 성공한 거라 생각하라고 말하고는 집을 나섰다. 민경이와 현이 누나와는 쇠소깍에서 만나기로 했다. 둘은 뚜벅이라 버스로 이동했다.

　쇠소깍으로 가는 길. 뭐가 좋은지 강아지들이 신나게 쫓아온다. 나도 덩달아 신나서 빨리 와! 하고 소리친다. 자전거의 속도를 짧은 다리를 지닌 강아지가 따라올 리 만무하지만, 한동안은 열심히 따라왔다. 녀석들

귀엽기는!

　내가 먼저 도착한 것인지 아직 민경이랑 현이는 약속 장소에 오지 않았다. 혼자서 이리저리 돌아다니며 사진을 찍고 있으니 30분 후에야 도착했다. 이곳 쇠소깍이란 이름이 특이하다. '쇠'는 소를 말하며 '소'는 웅덩이, '깍'은 끝이라는 의미를 지닌다고 하는데 용암이 흐른 자리에 형성된 기암괴석과 소나무숲이 절묘한 조화를 이뤄 한 폭의 그림이 탄생한다. 도착한

민경이는 열심히 셀카 삼매경!

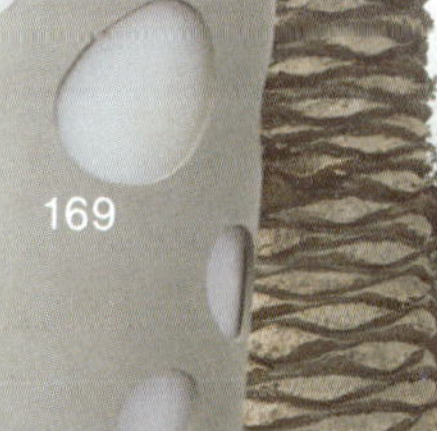

169

그녀들과 천혜향주스도 마시면서 기념사진도 찍었다.

쇠소깍에서 이중섭 미술관으로 이동하려는데 어제 2차까지 함께한 즐거워 보이는 커플이 보였다. 보통 가볼 곳이 정해져 있으니까 이렇게 반가운 만남도 우연하게 나타날 수 있는 것이다.

이중섭 미술관에 도착하니 조금씩 날씨가 풀린다. 유명작품 '소'로 제일

잘 알려진 이중섭 화가. 그림을 자세히 보는 눈은 갖고 있지 않지만, 작품 하나하나가 마음속을 홀리게 한다. 미술관은 촬영금지 장소라서 사진을 찍지 못한 게 아쉽지만, 이번 기회를 통해 서울 근교의 마술관도 가보기로 마음먹는다. 미술관과 쉽게 친해지진

않을 테지만…. 마음이라도 가져본 게 어딘가! 한 발짝 전진한 것이다.

미술관을 관람하니 배가 고프다. 늦은 점심을 바로 옆 건축카페라는 곳에서 먹기로 했다. 뱃가죽이 들러붙을 정도였는데 지금까지 참은 것도 용하다. 분위기 좋은 공간에서 식사해서 그런지 음식 맛이 완전 일품이다. 한라산을 정복해야 해서 더욱 든든하게 배를 채웠다. 그녀들과 함께한 마지막 오찬, 민경이와 현이 누나와도 마지막 작별인사를 한다.

날씨가 점점 좋아져서 기분이 좋기도 하고 나쁘기도 하다. 사람의 마음

이란 게 이기적이다. 한라산에 갈 생각하니 기분이 좋고 우도에 가지 못한 걸 생각하면 나쁘다. 도통 내 마음의 갈피를 못 잡겠다.

어쨌든 날씨 좋으면 그만이지! 날씨도 날 환영해주는데 신나게 '올라가볼까'라고 말한 지 얼마 지나지 않아 지옥을 맛보게 됐다. 날씨가 급변하며 입김이 나오기 시작하고 서리가 내리기 시작힌다.

조금만 더 조금만 더! 나는 할 수 있어! 미친놈처럼 계속 이 말만 반복하

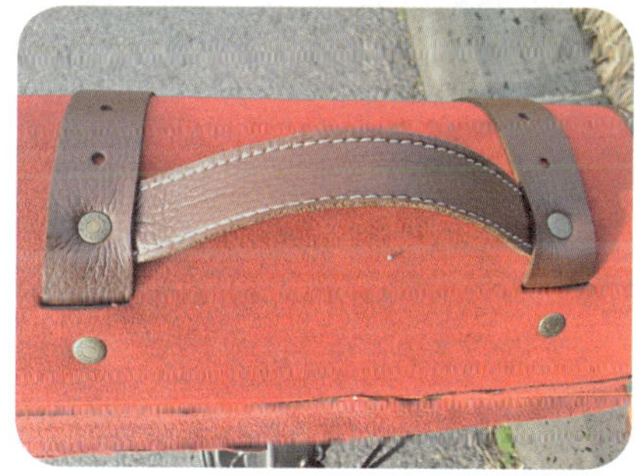

며 올라갔다. 고도가 높아지자 서리 같은 건 우박이 되어 쏟아지기 시작한다. 배터리는 이미 두 개다 방전됐는데…. 이화령 따윈 저리 가! 철인 경기하는 느낌이다. 소심한 성격에 잠깐 멈췄다가는 차에 치일 것 같아 멈추지도 못한다. 곡선도로가 많다 보니 차들 입장에선 시야에 내가 안 보일 수 있기 때문이다. 갓길로 올라간다지만 차들이 곡선 길을 주행할 때 갓길을 침범하는 경우가 많았는데 그러다 날 발견하고는 핸들을 급하게 꺾곤 했다.

지치고 무섭지만 게스트 하우스를 출발할 때 큰소리친 게 생각나 유턴도 못하는 길이다. 주변 사람들이 말릴 때 경청하여 새겨듣는 자세가 나에겐 필요했다. 지나친 자만감이 두려움으로 변한 지금. 나에게 남은 선택은 앞을 향해 달리는 것밖엔 없다. 제주도 첫날 동상에 걸린 아픔이 올라오기 시작한다. 올라오는 도중 흘린 땀방울은 어느덧 식어버려 체온을 떨어뜨리는 무기가 된 지 오래다. 포기하고 싶다는 글자가 머리 위로 지나가지만, 자존심이 있기에 참고 강행한다. 산에 올라오면 날씨가 자주 바뀐다는 것은 익히 알고 있었지만, 오늘은 해도 너무했다. 비가 왔다 그쳤다 날이 맑아졌다 어두워졌다를 반복한다.

나 자신과 싸운 지 어느덧 3시간째, 드디어 정상이 보이기 시작한다. 오랜만에 집에 돌아온 듯 제주시 표지판이 무척이나 반갑다. 자전거로 올 수 있는 최고 높이에 도착한 것이다. 해냈다는 마음에 코끝이 찡해진다. 그것도 잠시뿐, 얼어 죽을 거

같아 급히 근처 화장실로 대피했다.

화장실에서 나오니 어떤 분이 기다리고 있었다. 아래에서 올라갈 때 봤다며 초코바 두 개를 주셨다. 본인도 자전거를 타지만 대단하다며 여기를 어떻게 오를 생각을 했는지 물어보신다. 더 많은 대화를 나누고 싶었지만, 한계치에 다다른 몸인지라 말도 제대로 나오지 않았다. 그저 웃으며 감사하단 말만 입안에서 겨우 나온다.

만신창이가 된 트레일러와 브롬톤을 보니 고생을 함께 나눈 전우애가 생겼는지 대견해 보인다. 내려가는 길엔 방한용품을 꼼꼼하게 챙겨본다. 옷에다가는 핫팩을 붙이고 너무 강한 바람에 안경이 못 버텨서 고글을 꺼냈다. 생존하기 위해서는 멋 따윈 포기해야만 했다

그렇게 완전무장을 한 후 내리막길 라이딩을 시작했다. 바람이 너무 거센 디리 내리막길에서 핑 시속노노 안 나온다. 잠잠하게 불 때 최고속력으

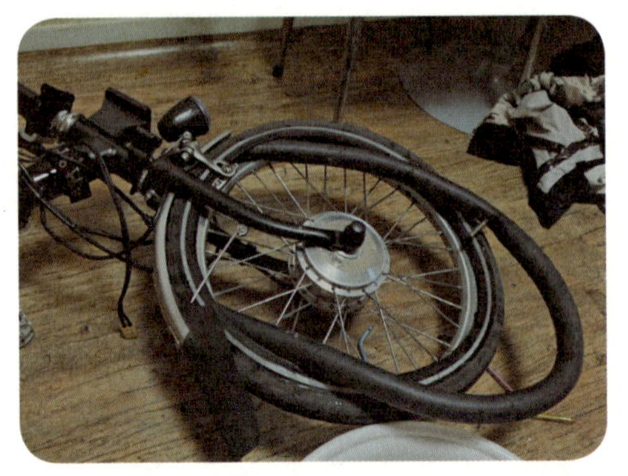

로 달려야 한다. 그다지 꼬불꼬불하지 않은 길이라 급격하게 제주시와 가까워졌다. 내려오는 도중에 보게 된 제주시내의 야경이 유달리 무척이나 아름답다. 힘들게 산을 오른 이유가 여기에 있었을까?! 퀘스트 보상받는 기분이다.

제주시에 무사히 도착해 숙소를 잡았다. 주인 먼저 꽁꽁 얼어붙은 몸을 따뜻한 물에 녹인다. 고생한 애마 브롬톤을 닦아주기 위해 살펴보니 앞바퀴에 실펑크가 나 있다. 펑크패치를 붙이니 다시 깔끔해졌다! 온종일 고생한 주인도 애마도 이제는 쉴 시간이다. 피곤에 지친 자여! 잠자라~.

Guest Talk

Q 자기 소개?

A 안녕하세요. 구나영입니다. 프리랜서로 번역과 일러스트, 책 교정 일 등등 닥치는 대로 하고 있습니다. 얼굴과 나이는 비밀로 하겠습니다. 일단 오늘이 제 인생에서 가장 젊은 때라는 생각으로 살고 있어요.

Q 미니벨로를 타게 된 이유가 있다면?

A 제가 자전거를 상당히 늦게 배웠어요. 키도 별로 크지 않고 따로 가르쳐 줄 사람이 없어서 큰 바퀴보다는 만만해 보이는 작은 바퀴로 시작했습니다. 그러다 보니 계속해서 미니벨로만 타게 되었네요. 타다 보니 다친 적도 많고 몸 고생이 이만저만 아니었지만 자전거를 타길 잘했다는 생각이 듭니다. 마크 트웨인의 말이 맞아요. "자전거를 사라, 살아 있다면 후회하지 않을 것이다."

Q 부산에 오면 꼭 가봐야 할 곳 추천 좀 해 주세요.

A 일단 도보라면 남포동을 추천합니다, 보수농 책방 골목하고 중앙동 일대, 국제시장 구제골목, 부평시장

인테리어 소품가게들 참 좋아하구요. 물건을 안 사더라도 구경 가면 새로운 영감을 얻는달까요. 옛날 향취가 묻어나는 거리를 걷다 보면 기분이 좋아집니다. 가끔 플리마켓에 들르면 득템하는 일도 종종 있어요.

자전거를 타고 간다면,

1. 온천천 코스: 중간중간 구경할 곳이나 카페가 많아서 관광객에게 적당한 코스입니다. 일직선이라 헤맬 일도 없죠. 이 코스에서는 경륜장(스포원 파크)으로 갈 수 있어요. 부산사람들이 자주 가는 번개코스입니다.

2. 수영천 코스: 온천천 코스에서 해운대 반대방면으로 가면 수영천입니다. 끝에는 부산의 업힐 명소 중 하나인 개좌고개가 있어요. 개좌고개에는 "자덕들의 통곡의 벽"이라 불리는 벽이 있는데 거기에 수많은 정복자들의 서명이 있습니다. 로드 타시는 분이라면 한 번쯤 가볼만 할지도. 여기는 생태공원도 있고 자연의 맛은 살아 있는데 비해 바닥이 좀 험하고 중간에 보급할 곳이 거의 없습니다.

3. 해운대—광안리 코스: 온천천에서 이어지는 양 갈래 코스입니다. 맞은 편이 센텀시티이고 관광하기에 가장 적당하지만 코스에 대한 숙지가 없으면 살짝 헤맬 수 있어요. 현지인을 한 명 섭외하는 게 편하게 다닐 수 있는 팁입니다.

이 세 코스는 모두 이어져 있기 때문에 다 묶어서 돌아볼 수도 있어요.

Q 자전거 여행 경험이 있다면 경험담 좀 해주세요.

A 안타깝게도 저는 며칠간에 걸친 여행을 해 본 적은 없어요.
하지만 시간 날 때마다 짧게 국토종주길을 다니고는 있는데 주로 밀양 삼랑진, 상주, 구미 등등 경상남북도에 국한되었네요. 다음에는 영산강이나 금강 쪽으로 가보고 싶습니다. 요즘은 캠핑에도 관심이 생겼는데 백패킹보다는 자전거와 함께하는 것이 더 끌립니다.
이것도 아직 멀리는 못 가고 지인들과 장비를 모아서 근처 공원에서 타프 치고 텐트 치고 의자에 앉아서 피크닉처럼 즐기고 있는데 부산엔 한강공원처럼 캠핑 허용된 곳이 별로 없어서 아쉬워요.

영산강

영산강(3월 14일)

또다시 배 안에서

18일차 - 목포행 배 안

이동경로 : 193km

제주공항 → 목포항 15km, 배편 178km

　오랫동안 함께했던 제주도를 떠나 육지로 상륙하는 날. 그동안 이곳 제주도에서 기분 좋은 만남과 평생 잊지 못할 달콤한 추억을 남겼다. 더 머무르다가는 제주도에 정착할 거 같아서 떠나는 것으로 맘 정리를 한다. 이제는 널 놓아주겠어! 일어나자마자 제주도 국제여객선 항으로 달렸다.

　배가 출항하는 데 지장 없는 맑은 날씨를 보여서 기분이 좋은 아침이다. 날씨 변화가 심한 제주도. 제주도를 여행하실 분들은 일기예보를 가장 먼저 알아보고 여행 일정을 잡으시는 게 현명할 듯하다. 일기예보가 안 맞는 경우도 더러 생기지만 하늘의 기

운을 인간이 완벽하게 예측할 수 없으니 천운을 믿고 움직이는 게 좋다.

　제주 국제 여객항에 도착해서 목포행 티켓을 구매한 후에 배를 기다리고 있었다. 출항하기까지 시간이 많이 남아 있어 한참 기다리고 있는데 뒤에서 어~ 하고 놀라는 소리가 들린다. 또다시 생각나는 커플…. 맞다 그 커플이다. 벌써 3번째 만남이다. 이럴 수가! 우연도 이런 우연이 다 있을까?

　　　　승권이 커플은 완도행 배를 타기 위해 온 것인데 간단히 대화를 나누다 이내 떠났다. 그쪽은 둘이라서 심심하지 않을 텐데 난 혼자라 기다리는 시간이 외롭고 길다. 거기다가 배까지 고프니 눈물이 나려고 한다. 김밥에 우동 한 그릇을 사 먹고는 또

차릴없이 멍하게 앉아 있었다. 뱃시간이 돼서 배를 타려고 기다리는데 이번에도 뒤에서 어~ 하는 소리가 들린다. 설마 누구지 하며 뒤를 돌아보니

충무로 친구 재

6년 친구 북이

이럴 수가! 이번엔 게스트하우스에서 봤던 동규아저씨 부부가 서 있었다. 제주도가 이렇게 좁은 동네가 아닐 텐데 살다 살다 이런 우연도 다 있구나 생각한다. 아저씨네도 목포로 간다고 해서 기분 좋게 같이 승선했다.

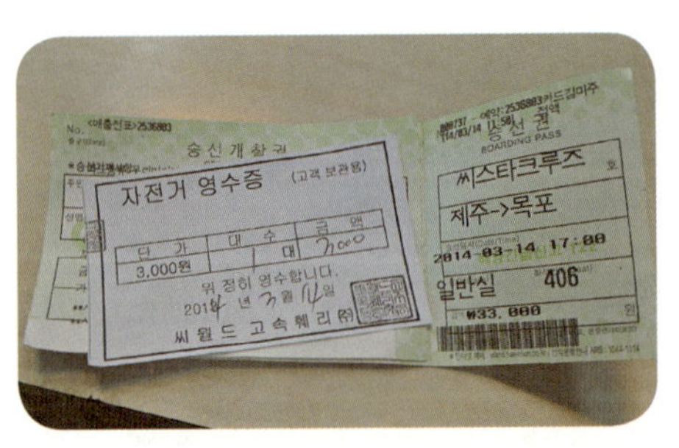

승선권을 끊으면서 이번엔 트레일러를 들고 올라가는 수고를 덜기 위해 화물칸에 맡기기로 했다. 3천 원밖에 안 하다니 부산에서 괜히 고생만 한 거 같다.

부산에서 탔던 페리호보다 크기가 더 큰 듯해 승선한 후에 편의시설을 구경하기로 한다. 몇 시간 동안 함께할 집인 만큼 꼼꼼하게 살펴봤다. 철권과 최신게임이 갖춰진 심심함을 달래줄 오락실도 있다. 배가 커서 그런지 파리바게트로 입주해 있다. 저녁시간이 되니 빵이 거의 동났다. 여행객들

182

내가 묵을 선실

의 피로를 풀어줄 마사지실과 면세점도 있다. 배고파서 식당에 찾아갔지만 밥 또한 순식간에 사라졌다. 그래도 어찌어찌 끼니를 때울 수 있겠지….

배 구경을 마치고 방으로 돌아가는데 어디서 많이 본 둘이 보인다. 이번에도 서로 어! 하고 소리친다. 제주도 자전거 여행을 왔다던 게스트하우스에서 기타 치던 그 아이들이다. 목포에서 기차로 인천에 간다고 한다. 반가운 마음에 밥이라도 사주려 했지만, 배부르다며 사양한다.

안에 있으면 답답하기도 하고 푸른 바다가 보고 싶어 밖으로 나왔다. 바다 특유의 냄새도 맡고 찰랑거리는 파도와 제주시내의 풍경이 멋들어지게 보여 계속 있고 싶었지만 시원하다 못해 아직은 쌀쌀한 바람이 불어 황급히 몸을 피했다.

동규아저씨 부부와 차 한잔하며 여행 이야기, 사는 이야기를 나눈다.

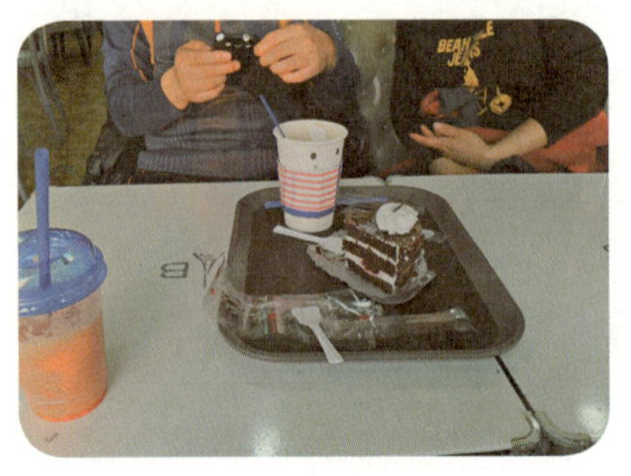

내가 살아온 인생은 절반도 되지 않기에 인생 선배인 여행자들과 만나 이야기를 나누면 깨달음도 얻게 된다. 마음의 힐링을 위해 편하게 출발한 여행에서 시작해 어느덧 내가 몰랐던 부분을 채우고 깨닫는 여행에 이르게 되었다. 세상에는 다양한 사람들이 다양하게 생활하는 듯하다. 이런저런 이야기를 하니 배고픔이 또다시 밀려온다. 때마침 저녁 시간, 회를 사왔으니 같이 먹자고 하신다. 잘됐네. 콜!

맛있는 회와 바나나, 말린 문어를 먹으며 시간을 보냈는데 배 안에서 맛보는 회는 정말 꿀맛 같다. 안에서

인심 좋고 인상 좋은 동규아저씨 부부

먹어도 맛있는데 바다낚시 하면서 직접 회를 떠서 먹으면 얼마나 맛있을까? 이런 상상을 하니 먹고 있는데도 군침돈다. 오락실에서 게임할 시간도 마사지 받을 시간도 필요 없었다. 5시간이라는 긴 시간을 혼자 보냈으면 지루해서 혼났을 텐데 좋은 사람들과 함께 있으니까 벌써 목포에 도착했다는 방송이 나온다. 어느 틈에 시간이 훅 지나간겨? 이제는 우리가 헤어져야 할 시간. 담에 또 봐요. 우리~ 건강하세요! 아쉽게 작별인사를 건낸다.

목포에 도착하니 한밤중이다. 제주도의 강풍과 싸워왔던 나에게 목포의 바람은 조용하기 이를 데 없었다. 그래…. 이 정도 날씨와 바람이면 오늘은 텐트를 쳐도 되겠어!

목포시내를 돌아다녀 보면 LED 표지판들이 설치되어 있는데 공구상가는 공구모양, 차와 관련된 가게는 차모양 이런 식이다. 시에서 이러한 표지판 설치를 지원했는지 통일성 있는 모습이 깔끔하고 신기했다. 댓츠 굿 이이디이~ 이미도 거리 조성사업의 일환이겠지만….

녹색으로 알아보기 쉽고 노면 상태도 고른 자전거도로도 굉장히 잘되어 있다. 제주도는 자전거도로는 많지만, 비포장도로와 포장도로의 중간 정도인 편치 않은 길이라 힘들었던 기억도 많다. 그래서 차라리 도로로 다니는 게 편했는데 목포는 서울 한강 자전거 길처럼 잘 깔려 있다.

텐트를 치기 위해 바다를 따라 영산강으로 갔다. '어서 와 영산강은 처음이지?' 차갑고도 세찬 강바람이 날 반겨준다. 게다가 제주도에서 걸린 발목에 동상은 찬 바람에 계속 쑤셔온다. '텐트치고 싶다'는 일념으로 주변을 살펴보다가 결국 포기하고 여관으로 들어갔다. 객쩍게 부리는 혈기나 용기를 '객기'라 하는데 아무리 생각해도 텐트는 오버였다. 생각해보니까 진짜 미친 듯이 텐트 치고 싶으면 방 안에서 쳐도 되잖아? 지나친 자만심 고쳐야 하는 데 고치기가 쉽지 않다. 약도 없고 매도 듣지 않는다. 그보다 우선은 동상 치료부터 해야 하는데 큰일이다.

영산강(3월 15일)

옛 친구와의 재회

19일차 - 광주 죽산보

이동경로 : 90km

목포 → 광주

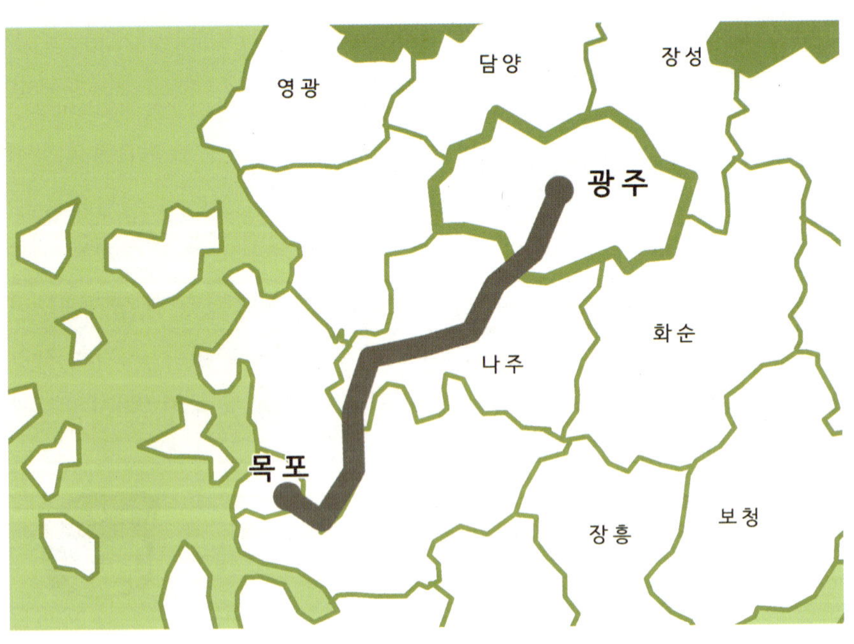

구름 한 점 없는 완연한 봄 날씨가 찾아왔다. 걸어 다니기 딱 좋게 맑고 따듯한 날이지만, 자전거를 타면 더울 거 같은 날이다. 얇은 옷을 챙겨 입고 기분 좋게 라이딩을 시작해보자!

전라도에서 제일 큰 항구도시 목포의 바다를 자세히 들여다본다. 어제는 밤이라서 제대로 마주하지 못한 목포의 바다. 짠 냄새가 오늘은 이상하게 기분이 좋다. 부산, 인천과 같이 아주 큰 항구도 아니고 그렇다고 작은 항구도 아닌 중용의 멋이 느껴지는 아름다운 항구 목포다.

이제 4대강 중 3번째 영산강에 도착했다. 물의 양이나 강의 길이로 치자면 4대강 중 막내인 영산강. 대한민국 국토의 반 이상을 돈 상태인 지금 4대강 종주도 얼마 남지 않았다. 기운차리고 후딱 끝내기로 다짐한다. 그리기 위힌 선행조건은 강인한 체력이 뒷받침되어야 하고 무엇보다 날씨가 잘 따라줘야만 하는데 그게 잘될지 걱정이다.

영산강 하구언에 인증센터가 있다. 하구언이라는 말에도 알 수 있듯 영산강의 맨 끝 지점인데 농경지에 해수가 유입되는 것을 방지하고 하천 범람을 막기 위해 세워진 방조제이다. 서울로 귀환하는 코

스인지라 이곳이 영산강 종주의 서막을 알리는 장소가 되었다. 거꾸로 가든지 똑바로 가든지 모로 가도 서울만 가면 된다.

도장 꾹 챙기고 달리다 보니 미니벨로의 최고의 적 비포장도로가 나왔다. 하긴 자동차, 자전거를 포함한 바퀴 달린 모든 것의 적이지만 연약하고 작디작은 내 애마는 더욱 힘에 부친다. 손목과 허리가 요동친다. 도착 일보 직전이면 차라리 내려서 걷는 게 편할텐 데 시작한 지 얼마 되지도 않았다. 그저 어린아이 달래듯이 살살 다독이며 가는 수밖에 없다.

초반부터 체력소모가 커서 그랬을까? 슬슬 배가 고파져 집에서 챙겨왔던 효소 선식을 꺼낸다. 맛은 별로 없어도 건강해지는 느낌이랄까?

선식을 마시고 있는데 자전거를 탄 아저씨 한 분이 말을 걸어온다. "전국여행 중이오?" 아저씨께서는 초코바와 손수 깎은 사과를 건네주시며 젊은 날 정말 좋은 경험을 하고 있다며 칭찬을 해 주셨다. 그 나이 때 이런 결정하기 쉽지 않을 뿐더러 넓은 사고방식을 갖게 될 거라며 인생에 대한 많은 조언을 아끼지 않으셨다. 아저씨가 주신 과자와 과일을 먹으며 한 번 더 내 삶을 되돌아보게 되었다.

가다 보니 재미난 게 보였다. 횡단보도 앞에 설치된 노란색 방지턱에 발바닥 모양이 딱 그려진 게 아닌가! 자전거를 타는 사람들이 멈춰 있을 시 발을 올려놓으라고 만든 것 같다. 기획한 사람이 누군지 몰라도 아이디어 좋은데? 나도 기획을 업으로 사는 사람인데 참신하고 기발한 생각이 요즘 들어 떠오르지 않아서 걱정했는데 이런 아이디어는 차용해야겠다. 하늘이시여! 제게도 반짝이는 머리를 내려주소서~

그러나 하늘은 나에게 고난을 선물해 주셨다. 영산강 길을 잘 따라가다가 갑자기 산으로 지형이 변한 것이다. 언덕이 많이 나오고 점점 가파르다. 헐떡헐떡 숨넘어갈 거 같다. 30분도 안 됐는데…. 아까 끊임없이 생각한다는 말 취소! 욕이나 하지 않으면 그나마 다행이다. 헉헉

거리며 오르락내리락 반복하나 보니 나음 인증센터가 나온다.

멋들어진 정자에 나의 애마를 놓고 잠시 휴식을 취했다. 자리를 선점하고 계셨던 어르신께서 쉬시기에 "안녕하세요~" 하고 인사드렸다. 절대로 '저도 옆에서 쉴게요. 잘 부탁드립니다.' 이 뉘앙스가 아니니 오해 마시길…. 예의 바른 청년의 모습 그대로를 간직한 사람이다. 할아버지께서는 기분이 좋으신지 웃으시며 내게 오렌지를 까주셨는데 맛이 참 달다. 힘든 산길을 넘어와 받은 보상치고는 분에 넘치는 행복을 얻었다.

근처에 전망대가 보인다. 올라가려다 너무 높아 가뜩이나 힘들어서 또

기했다. 전망대가 있다는 것은 경치가 좋다는 뜻인데…. 산 위에서 본 영산강의 물줄기는 논밭을 감싸 안으며 굽이굽이 흐르고 있다. 영산강은 다른 강보다 굽이굽이 흐르는 강길이 많아 홍수의 우려가 많았으나 저수지 조성과 하굿둑 조성으로 홍수 걱정은 없다고 봐도 무방할 정도가 됐다. 우리 조상들은 전라도 남부에서 생산된 농산물을 영산강을 이용해 서해를 거쳐 한양으로 이송했다. 곧이어 가게 될 영산포는 고려시대부터 물자 수송의 중심지 역할을 담당하여 그 일대가 번성하였다. 전라도뿐만 아니라 대한민국에서도 없어서는 안 될 중요한 강인 것이다.

4대강 사업으로 새로 만들어진 전남 나주에 위치한 죽산보. 인증센터가 있어서 이곳을 꼭 지나가야 한다. 영산강 8경 중 4경이라고 하는데 계

절마다 바뀌는 야경이 그렇게 아름답다고 한다. 낮이라서 패스~ 그보다는 배가 고프다. 방송으로 많이 소개됐지만 나주는 곰탕이 유명하다. 어

우~ 생각만 해도 군침 돌아~ 나주 시내까지 진입하기엔 오늘의 최종 목적지로 잡은 광주까지의 거리가 걸려서 제주도 이전에 해왔던 야생으로 돌아가기로 했다. 제주도에서는 안락한 식사를 즐겼는데 일순간에 추억이 돼버린다. 식당은 사치다!

쉼터가 나오자 숙달된 조교의 솜씨로 재빠르게 세팅을 끝냈다. 마지막 남은 비장의 카드 안성탕면 하나를 꺼낸다. 제주도에서 만났던 찍사 님께서 주신 배즙도 꺼낸다. 간만에 먹는 노점음식(?)이라 먹을 만하다. 안성탕면의 국물을 빨간 곰탕이라 세뇌시키며 먹으니 맛있게 잘 먹었다. 재빠르게 물과 휴지를 이용하여 설거지를 한다. 이제는 정말 익숙한 일이다. 광주에 들어가면 식량 조달을 해야겠다. 남은 게 약간의 쌀과 양념 고추장이다. 이들은 마지막까지 지켜주고 싶은 최종병기 같은 것이다. 항상 긴급상태를 대비해 여유롭게 준비해야 한디. 밥은 먹고 살아야 한다.

영산포에 도착하니 홍어 냄새가 진동하기 시작한다. 아까 언급했듯이 과거엔 전남지역 물자 수송의 최대 중심지였던 영산포가 현재는 홍어로 더욱 유명한 곳이다. 홍어 전문점이 영산포 입구부터 쭉 깔려 있다. 홍이

를 사랑하는 사람들에겐 성지와 같은 곳이다. 난 홍어를 못 먹기 때문에 냄새에 못 이겨 얼른 거리를 떴다.

홍어가 나와서 하는 말인데 최근 인터넷상에 정말 몰지각한 사람들이 전라도를 폄하하는 용어로 '홍어'를 자주 사용하는데 참으로 꼴 보기 싫다. 그런식으로 비하하는 사람들을 보자면 제 얼굴에 침 뱉는 행위를 하는 것과 다름없다. 난 홍어를 먹지 못하나 홍어를 잘 먹는 사람들을 존중한다. 감정 상하게 만드는 비방행위, 썩어빠진 지역감정은 반드시 없어져야 할 것이다(갑자기 흥분해버렸다. 죄송합니다).

저 멀리 승촌보가 보인다. 행정구역상으로 광주광역시 남구 승촌동에 위치한 승촌보, 목표인 광주에 진입한 것이다. 자전거 타시는 분들이 많이 보여 인사를 건네니 대부분 대답이 없다. 자전거 문화가 좀 다른가 싶었다. 곰곰이 생각해보니 아무래도 지역별로 차이가 있나 보

다. 국토종주같이 긴 코스로 이루어진 서울과 부산구간은 여행객이 뜸하다 보니 서로 반가운 나머지 인사를 주고받는 듯싶고, 영산강 같이 강 하나 구간으로 2~3일 안에 돌 수 있는 짧은 코스는 사람이 많아 서로 인사하는 문화가 없는 거 같았다. 생각해 보니 서울도 서로 인사를 나누지 않고 지나치치 않는가! 인사를 할 때마다 좀 뻘쭘하긴 했지만 그래도 즐겁다. 안 받아주면 어떤가! 누가 인사한다고 기분 나빠할 사람 없다.

광주도 내 친구가 기다리고 있다. 그래서 무리해서라도 광주까지 올 생각이었던 것이다. 오랜만에 보는 친구…. 다들 사는 게 바쁘고 멀리 떨어져 있어 몇 년간 보지 못할 정도로 좀처럼 만남을 가질 수가 없다. 전국을 돌며 지방에 사는 그리운 친구들을 만나는 것도 여행 목적의 하나라서 만나러 왔다. 5년 만에 보는 건가? 예전 그 모습 그대로 별로 변한 게 없는 친구 아라. 정말 반갑다! 밥 사줘서 더 반갑다. 엄청 반가워!

오랜만에 뷔페식 레스토랑에 가본다. 폭풍 흡입을 한다! 이런 호화로운 음식을 언제 또 먹을지 모른다. 배 아파도 배고파도 그냥 먹고 보는 거지~ 어디로 들어갔는지 모를 정도로 배불리 먹었더니 친구는 벌써 간다고 한다. 너무나 짧은 만남이 아쉽기만 하다. 벌써 우리가 알고 지낸 지 9년 정도 된 거 같으니 시간도 참 빠르다. 다음번에 만날 땐 아라 결혼식이겠구나! 소개팅을 주선한 지가 엊그제 같은데 결혼을 얘기하고 있는 사이가 되다니 참 신기하다. 행복한 한 쌍을 만들어줘서 난 성공한 중매쟁이가 되었나

내일은 남원까지 가야 한다. 휴…. 일정이 예정보다 빠르게 돌아간다. 느긋하게 다니려 했는데 월요일부터 3일 내내 비가 온다는 소식이다. 내일 남원에 도착하지 못하면 텐트에서 잘 수도 있는데 3일 내내 축축한 텐트 안에 있을 순 없다. 무리해서라도 가야 하니까 무리해서라도 편히 잠 좀 자자~!

영산강(3월 16일)

외국인과의 만남

20일차 - 남원 마계마을

이동경로 : 101km

광주 → 남원 영산강 종주 완료

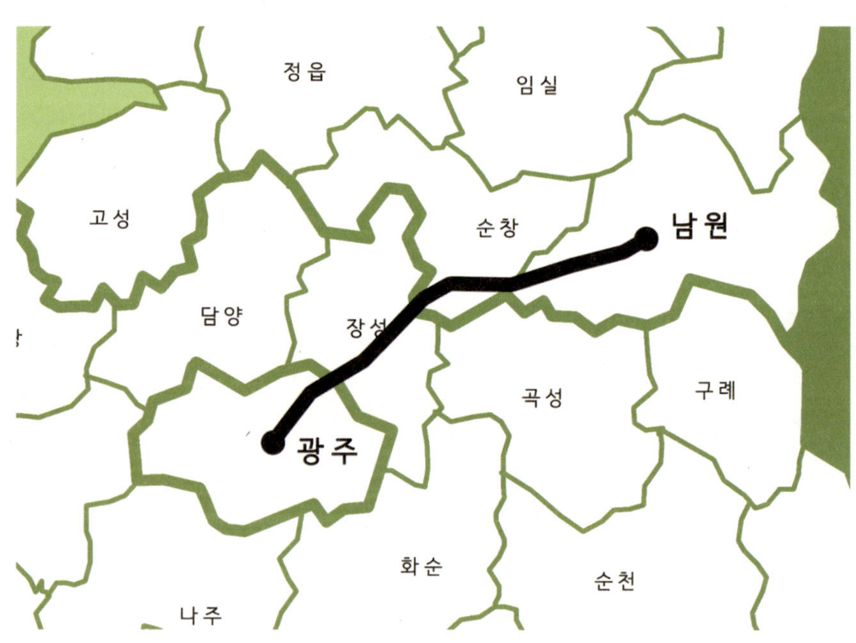

오늘은 영산강 종주를 완료하는 날. 국토 3분의 2를 돌아 어느덧 4대강 중 금강 하나만을 남겨놓은 상황이다. 현재의 느낌은 뿌듯함 그 자체다. 더이상 무슨 말로 설명을 할까?

광주에서 남원까지 가는 길은 영산강을 거쳐 섬진강을 통해 가야 한다. 섬진강은 4대강에 포함되지 않은 강이라 꼭 돌아야 할 필요성은 없었기에 코리안 소스 고추장의 메카 순창을 거쳐 남원으로 넘어갔다(깨끗한 물, 아름다운 풍경을 자랑하는 섬진강은 나중에 여유 있게 방문할 예정이다).

광주에서 영산강으로 진입하기 위해 나가는데 한 끼를 채워줄 밥버거가 보인다. 양도 푸짐한 편이고 무엇보다 2,000~3,000원 대의 가격이 착하다. 라면을 안 먹겠다는 다짐으로 두 개를 사 들고 출발한다.

MTB 3인방 아저씨들을 만났다. 트레일러에 관심이 많은지 양옆으로 내 속도에 맞추어 달리면서 관찰을 하고 있다. 보디가드를 데려온 기분이다. 주인을 앞에 두고 뒤에서 트레일러에 대해 열띤 토론을 벌이던 중 호기심을 잠지 못한 아저씨께서 정겨운 사투리로 묻는다. "이거 얼만교?" 부산지역과는 느낌이 다른 정감 가는 사투리다. 다른 지역의 사투리를 들으니 '내가 전국을 다 돌고 있구나'란 생각이 스쳐 지나간다. 아저씨들과 도란도란 대화를 나누며 같이 가다가 나중에는 추월해 먼저 갔다. 여행 20일째, 힘든 기색없이 MTB를 제칠 수 있는 어마어마한 체력을 가진 철인으로 거듭났다. 아저씨들이 봐 주신 걸지도 모르지만….

대나무의 고장답게 담양 부근부터 곧게 우뚝 솟은 대나무들이 많다. 선비의 올곧은 결게를 상징하는 대나무처럼 지금까지의 인생에서 정도를

걸어 똑바로 살아왔는지 자신을 반성한다. 지조와 절개를 지키진 못했더라도 남들에게 피해를 입히지 않고 산 것만은 분명하다.

유원지에는 양옆으로 음식점들과 사람들이 많다. 4인 자전거도 보이고 나들이 온 가족, 연인들이 보인다. 이곳은 축제 분위기다. 함께할 수는 없지만, 그저 바라보는 것만으로도 흐뭇하다.

영산강 자전거 길은 아직 도로 완공이 안 된 건지 비포장도로와 공사구간이 많아서 미니벨로가 다니기엔 약간 무리가 있다. 그냥 비포장이면 좋으련만 모래인지 알고 들어갔다가 진흙이어서 혼났다. 바퀴가 흙에 미끄러져서 넘어질 뻔

196

하기도 하는 등 약 2km 구간을 진흙과 사투를 벌였다.

진흙 길을 벗어나니 메타세쿼이아 나무들이 보인다. 여긴 참…. 인증센터를 동떨어진 곳에 놔둬서 한참을 헤맸나. 왜 사선서 실이 아닌 공원입구에 설치한 것인지 아직도 이해가 가지 않는다. 하마터면 못 찾을 뻔했다. 자전거 인증센터라고 표시되어있는 표지판이 원래의 자리일 텐데 거기서 약 200m 정도 떨어진 그것도 자전거 출입금지구역인 공원에 위치하고 있었다. 공원 조성자가 꼭 공원에 방문해주기를 바라는 마음에서 여기다 둔 것일까? 덕분에 끝도 없이 자란 나무들 실컷 구경하고 왔다. 잎이 자라고 숲이 무성해져야 볼 만할 텐데 아직 이른 봄이다. 4~5월엔 다른 풍경을 연출하겠지.

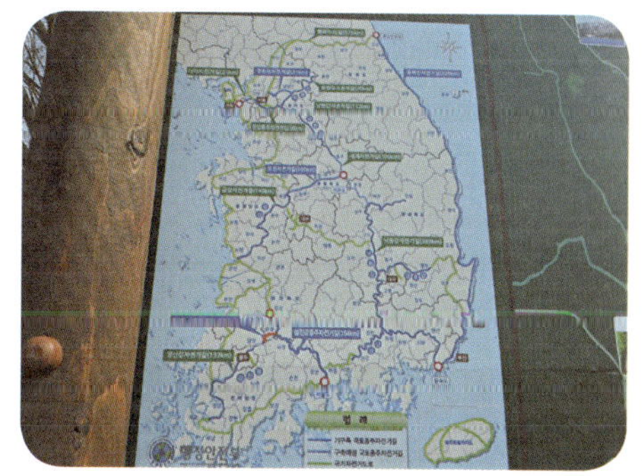

공원에 있는 전국 자전거 도로 지도

영산강 자전거 길 마지막 구간인(사실 첫 구간) 담양댐에 도착해 사진을 찍고 있는데 외국인 한 분이 사진을 찍어주신단다.

　나도 한 장 찍어드리고 서로 대화를 했다. 영어 울렁증 출동! 말도 안 되는 짧은 영어 실력으로 단어를 조합해 물어보고 대답하며 손짓 발짓 다 해본다. 착한 외국인이 신통방통하게도 내 말을 알아들었는데 그게 더 신기했다.

　"웨어아유 프롬? 아임 프롬 네덜란드."

　"웨어 아유 고잉 넥스트? 목포."

　"아이 스타티드 앳 서울. 아이 웬트 투 대구, 부산, 제주, 광주."

　서울서 출발하여 전국일주 하는 중이라고 가까스로 설명해주니 용케 알아듣고는 엄지손가락을 치켜세운다. 따봉~! 마음은 달변가이나 현실은 눌변가다. 영어회화를 소홀히 하고 문법, 단어에 충실한 학교 교육을 괜히 탓해본다. 음…. 많은 대화를 나누고 싶지만, 밑천이 드러날까 봐 바쁜 척하며 자리를 피한다. 역시 외쿡인은 체격이 남다르다. 힘들이지 않고 휙휙 나가더니 저 앞으로 사라져버린다.

　한참 달리다 보니 중간에 쉬고 있는 외국인이 보여 "굿바이~ 해브 어 굿타임!" 하고 지나갔다. 네덜란드 외국인이 동방예의지국에 왔다는 걸 입증해 주기 위해 몸소 보여준 것이다. 이름이 생각나지 않아서 미안하지만, 업그레이드된 영어실력으로 나중에 다시 만나면 좋겠다.

　영산강을 넘어 섬진강으로 가는 길은 샛길 하나마다 세세한 배려가 빛나는 자전거 길이다. 슬슬 섬진강이 나올 때가 됐는데….

순창하면 생각나는 건 순창 고추장! 지나친 TV 광고 시청은 우릴 파블로프의 개로 만드는 법이다. 순창에 다다르니 여기도 냇가를 따라 내운낭십이 꽤나 낳다. 한 그릇 늘이키면 좋을 텐데 혼자 먹기에 매운탕은 사치다. 혹시 테이크아웃 되려나? 힘들 때 몸보신용으로 먹으면 굿이겠는데! 하천을 건너야 하는 데 특이하게 생긴 다리가 눈앞에 나타난다. 지자체에서는 '우리도 특별한 뭔가를 가지고 싶어' 이런 생각으로 멋있게 다리를 만든 것이라 생각되나 아치형 다리는 자전거로 올라가기 엄청 힘들다는 사실을 인지해주셨으면 한다. 날 생각해서 만든 다리는 아닐 테니 잔말 말고 건너야지….

섬진강에 들어서니 절도 보이고 강 옆으로 깎아지른 듯한 절벽도 있다. 한강 이후로 수문대로 경치가 괜찮은 강을 본다. 영산강이 들으면 미안한 이야기지만 솔직히 볼 게 없었다. 금강은 아직 안 가봐서 차치하고 현재로선 한강이 젤 예쁘다 북한강 코스가 최고인 듯하고 그다

음은 남한강을 꼽아본다. 가장 힘들었던 강은 낙동강….

남원으로 가는 길은 자전거 길이 없는 갓길이다. 차들이 별로 다니지 않아 다행이다. 가는 길에 나는 마계로 가는 길을 알아 버렸다. '마계마을' 한국에 있는 마계입구가 여기였군~ 대단한 발견을 한 듯이 혼자 키득거리다가 조금 뒤 드래곤레이크(?)라는 곳도 나온다. 역시 여기는 마계였어…. 다시금 킥킥거린다. 이제는 혼자 말하고 혼자 웃는 것도 잘하게 됐다. 쓸쓸하다. 판타지 세상을 많이 접하면 나처럼 이상한 상상을 하게 되니까 현실과 허구세계 구별을 잘하시길 당부드린다.

3면이 산으로 둘러싸인 남원으로 가려면 산을 넘어야 한다. 해발 275m의 비홍재 정상. 이 정도 고개는 이젠 우습다. 산속에서는 해가 빨리지는데 왼쪽 하늘은 파랗고 오른쪽 하늘은 붉은 노을이 지고 정면은 산이 가로막아 어둡다.

땅거미가 질 무렵 남원에 들어서니 만복사지가 보인다. 이몽룡과 성춘향의 고장으로 유명한 남원. 친한 동생도 살고 있으니 이곳에서 관광도 하면서 푹 쉬다 가야겠다. 도농복합도시답게 남원은 시골의 향수와 도시 문화가 합쳐진 도시다. 도시 안에 밭이 있고 소도 있고 목공소, 대장간 등 예전의 향수를 자극하는 1층 건물들이 쭉 들어서 있고 저 멀리 아파트 단지도 보인다. 인구의 대부분이 노인층이라고 하는데 젊은 사람들은 고등학교를 졸업하면 대부분 대도시로 떠난다고 한다. 그래서인지 예전의 모습을 간직하고 있는 거 같다. CGV라든가 롯데리아, CU 등 프랜차이즈 가게도 있다. 나이 들면 약값 등 의료비용이 많이 든다고 하던데…. 어르신들이 많이 계셔서 곳곳에 병원이 정말 많다. 신구의 조화가 느껴지는 남원의 풍경이다.

남원에 도착하자 나를 반겨준 진이. 군대 후임으로 형 동생 하며 잘 지내고 있다. 남자는 군대 가서 평생 친구 만들어온다고 하더니 나에겐 진이가 그런 존재다. 연거푸 들려오는 비 소식에 머물 곳이 필요했는데 진이네 자취방에서 덕분에 푹 쉬다 가야지. 형이 신세 좀 질게~!

우리 진이

201

영산강(3월 17~18일)

아름다운 춘향을 만나다

21~22일차 - 남원 광한루

이동경로 : 5km

남원 → 남원

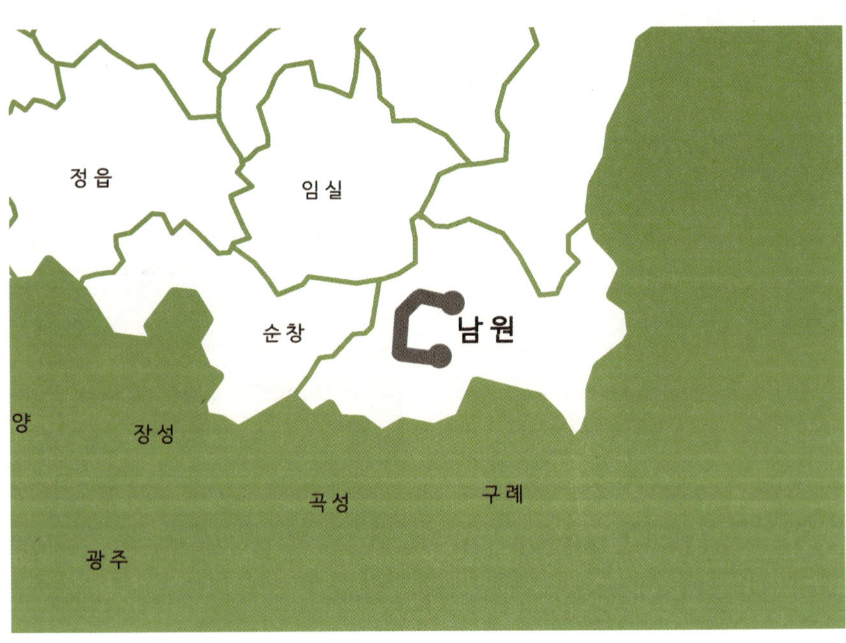

남원은 추어탕과 춘향의 마을로 유명하다. 남원에 오면 꼭 가야 하는 그곳! 춘향과 이몽룡이 만났다는 남원 최고의 명소 광한루를 가기로 했다. 진이네 집에서 그리 멀지 않은 곳에 있어 트레일러는 잠시 집을 지키기로 하고 브롬톤만 타고 빠른 속도로 이동한다. 저녁에 비가 온다는 일기예보가 있어 날렵하게 움직여야 한다. 무거운 짐을 벗어 던진 브롬톤도 신이 났는지 최고 속도를 내기 시작한다. 달려라 달려~!

입장권을 끊고 안으로 들어가자 널따란 공터가 나왔다. 나라에서 지정한 문화유산으로 광한루 주변 마을을 그대로 복원하여 관광지로 만든듯싶다. 성춘향과 이몽룡이 실존인물이었다는 설도 있고 가상의 인물이라는 설도 있다. 실존인물로는 비슷한 사례의 두 인물이 있었는데 이름을 잊어버렸지만 한 인물은 배드앤딩이고 한 인물은 해피엔딩이었다. 그 두 인물 중 하나의 인물을 토대로 만들어진 이야기라는 설이 있는데 가상이든 실존이든 로미오와 줄리엣만큼 값진 우리나라 고유의 아름다운 사랑 이야기다.

광한루는 평양의 부벽루, 진주의 촉석루(논개), 밀양의 영남루와 한께

4대 누각 중 하나로 손꼽힌다. 1626년에 마지막으로 복원됐다고 하니 위에 언급한 누각 중 현존 건축물 역사로는 가장 오래됐다. 조선 최고의 명재상 중 한 분인 황희 정승 때부터 광한루의 역사가 시작되는데 춘향과 몽룡이 사랑을 나눈 장소로 더 유명해진 건 베스트셀러 〈춘향전〉의 여파가 실로 대단했다는 것을 방증한다. 인공호수 옆 고품격스런 자태로 그렇지만 소박한 건축의 멋을 그대로 살린 광한루다. 광한루 앞에는 오작교가 있다. 하늘나라 견우와 직녀의 사랑을 신분을 뛰어넘은 몽룡과 춘향의 사랑으로 고스란히 전해지게 되고 현재는 사랑하는 연인을 위한 다리가 되었다고 한다.

정원 조성의 끝판왕이라 불리는 광한루원에는 광한루뿐만 아니라 각기 다른 매력을 지닌 방장정, 완월정 같은 정자도 있으며 춘향관, 춘향사당, 월매집 등 다양한 볼거리가 있다. 자연과 하나를 추구한 조선 사대부

의 멋스러운 삶이 그대로 표현된 정원이라 생각하시면 되겠다.

춘향사당에는 춘향의 영전이 있다. 평생 한 남자를 바라본 열녀로 추앙받는 춘향이의 넋을 기리기 위해 1931년에 만들어진 사당이다. 남원주민들은 춘향이와 이몽룡을 실존인물로 생각하여 굉장히 뜻깊은 역사로 기억하고 있다고 한다.

기생의 묘라고 알려진 춘향의 묘지도 있다는데 거기까진 가보질 못했다. 광한루원 관람을 마치며 느낀 게 있는데 '춘향전'에 초점을 맞춰 생각

광한루 오작교

하자면 소설에서의 이몽룡은 암행어사가 되어 나타나 춘향이를 구한다. 변사또는 남원부사로 종2품의 계급, 조선시대의 품계는 정1품부터 종9품까지 18품계로 구성되었는데 종2품이면 4번째 서열이라 대단한 능력을 지닌 권력자다. 이몽룡은 임시직인 암행어사라 정확한 품계를 알 수 없지만, 임금의 명령으로 지방관을 탐문하는 감사직이었다. 이몽룡은 감찰관답게 왕의 총애를 한몸에 받은 사람이었을 터. 춘향이는 부와 명예를 가진 안정적인 변사또를 버리고 절대권력인 왕의 신임을 받는 암행어사 이몽룡을 택했다. 암행어사는 안정적인 직업이 아닌데도 당장의 권력을 쫓은 것이다. 정말 대단하다 싶다.

사랑의 다리

광한루원을 나와 춘향전 테마파크로 가는 길. '사랑의 다리'가 보인다. 사랑의 분수가 막 올라온다는데 세금을 아끼기 위해 꺼놨다고 한다. 가는 날이 장날이라고…. 춘향테마파크에 도착했지만, 월요일은 쉰단다. 오늘 아니면 못 보는데, 휴관 날짜를 미리 확인했어야 하는데 무식하면 손발이 고생한다. 괜한 헛걸음했다.

여기까지 온 게 아쉽고 분해서 2010년 드라마 〈쾌걸춘향〉에 출연했던 배우들 사진을 찍어왔다. '누구누구 왔다 감' 이런 것처럼 기록을 남겨

야 하기에 그냥 찍었다. 드라마를 안 봐서 모르겠지만 쟁쟁한 배우들인
건 알겠다.

집으로 돌아오는 길에 광주에서
못 먹었던 상추튀김을 사왔다. 상
추튀김이라고 하길래 일차원적으
로 생각한 나는 상추를 튀긴줄 알았
는데 그게 아니라 튀김을 간장에 찍
어서 상추에 싸 먹는 걸 말한다. 광
주에 있을 때 깜빡 잊었는데 다행히
여기서 맛보게 되었다. 상추쌈에 튀
김을 먹다니 별미다.

광주의 명물 상추튀김

웬일로 일기예보가 들어맞았다. 오후가 되자 비가 내리기 시작한다. 쉬
다 가라는 하늘의 계시가 틀림없어! 쉬는 동안 다음 일정을 생각했다. 대
전에서 세종, 천안, 안성, 용인을 거쳐 서울로 올라가는 거다. 예전 첫 자
전거 여행 때 용인에서 안성으로 넘어가다 무릎이 망가져 여행을 포기했
던 기억이 있는데 예전의 내가 아니다. 이번 여행에서 못 넘었던 용인의
산을 넘기로 맹세했다. 막바지에 다다른 나의 여행. 집에 무사히 도착하
는 그날을 위해 비를 핑계 삼아 에너지를 재충전해야지. 혹시나 생길 변
수를 사전에 제거하는 것도 필요하다.

금강

금강(3월 19일)

공포스러웠던 나홀로 캠핑

23일차 - 전주, 군산, 익산 용두리

이동경로 : 140km

남원 → 전주 → 군산 → 익산 용두리

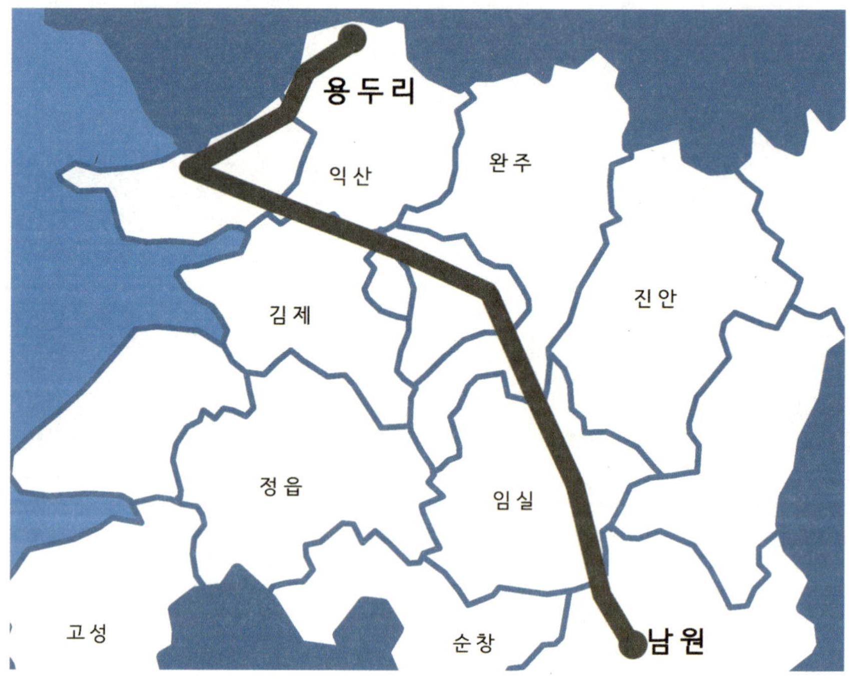

아침에 일어나니 진이는 이미 회사
에 출근한 모양이다. 얼굴도 제대로 보
지 못하고 떠나는 게 미안하다. 나중에
서울에서 맛있는 식사라도 대접해야
지. 추운 날씨, 쌀쌀한 날씨, 따뜻한 봄

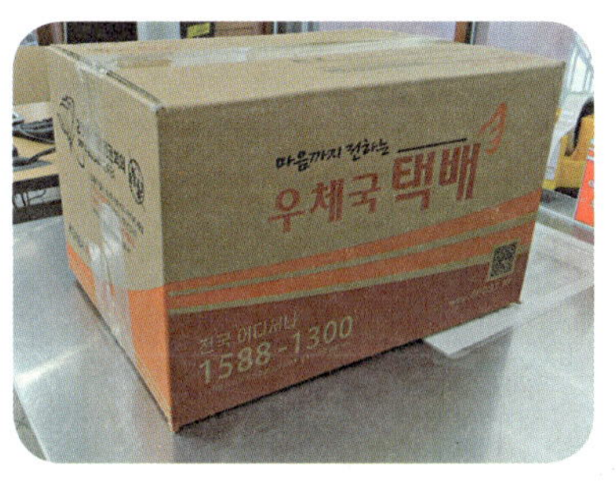

날씨를 지나 약간 더운 날씨를 마주한다. 봄봄봄 봄이 왔어요! 저녁에 외투
를 입지 않아도 따뜻할 만큼 날씨가 풀렸다. 아직 서울은 춥다던데 여긴 남
쪽이라 그런가? 우체국에 들러 택배서비스로 겉옷을 모두 올려보냈다. 성
급한 판단이 아니길 바라면서….

황사가 뿌연 하늘

황사가 찾아왔는지 오늘은
하늘이 뿌옇다. 내 속도 뿌옇다.
후배 녀석과 마지막이라고 어
제 부어라 마셔라 했는데 술 때
문인지 속이 쓰리다. 부대낀 속
진정시키느라 꿀잠도 자지 못
해서 졸리다. '자면 안 돼 제환
아~' 졸린 눈 부릅뜨고 꼬집어가

머 잠을 쫓아내려고 노력했지만, 결국 참지 못하고 눈꺼풀이 항복을 선언
한다. 졸음운전, 음주운전(?) 최악의 라이딩이다. 반드시 해서는 안 될 행
위란 것을 사람들 모두 다 안다. 맙소사! 난 지금 범법행위를 하고 있다.
꾸벅꾸벅 졸며 시골 길을 달리고 산길을 넘어가니 전주가 보이기 시작한
다. 얼마나 달린 거지? 정신이 하나도 없다. 흐린 날 덕분에 볼 만한 경치
도 없고 그냥 멍하니 달리기만 했다.

전주에 도착하자 다행히 잠은 깼지만, 속이 쓰린 건 여전하다. 대표 음
식 전주비빔밥을 필두로 먹을거리가 자늑이 전주. 피순대가 맛있다던데

전주의 관문

속이 아파서 패스한다. 전주 한옥마을도 오면서 한옥 잔뜩 봐서 패스. 그냥 다 패스! 전주를 빠져나갈 때쯤 '벽화의 거리'가 보인다. 근데 크게 볼 건 없었다. 어쩌면 속이 아파서 생각나는 게 없을지도 모른다. 술에 약한 내가 어젯밤 과음해서 벌어진 참극이다. 남원에 있을 때 분명하게 다짐한 것이 몸을 재충전해서 여행을 재개하려 했는데 반대로 방전된 몸을 이끌고 겨우 가고 있는 상태라니…. 페달을 돌리는 것인지 내 다리가 페달에 이끌리는 건지 도통 구별되지 않는다. 이것이 바로 말로만 듣던 물아일체?

군산으로 가는 길에 생각났지만, 전주 콩나물 해장국이 유명한데…. 아깐 정신이 없다 보니 미처 생각지 못한 듯하다. 해장에는 콩나물국이 으뜸이라 했는데 지나쳐버린 나 자신을 끊임없이 원망한다. 전주와 군산길은 자전거도로가 은근 잘되어 있어서 가기 편했다. 중간에 길이 끊기긴 했지만 그건 모든 길이 똑같으니까…. 4대강 자전거 길을 제외한 자전거도로나 국도는 내가 알고 있는 정보가 부족해서 그런지 볼 게 없다. 씽씽 달리는 자동차만 부러울 뿐.

군산에 도착하자 바다인지 강인지 구분 안 되는 금강이 보인다. 걱정이 없어 보이는 오리떼가 참 많다. 꼭 부산 바닷가 자전거 길 같은 느낌이다.

금강 하구둑이 보이는 걸로 봐서는 이곳이 금강임에 틀림없다. 오늘과 같이 좋지 않은 컨디션에 헤매지 않고 무사히 도착한 것으로도 감사하다. 속이 쓰린 게 사라지자 배가 고프기 시작해 근처 편의점에서 소시지를 사 먹고 달린다.

'친환경 흙길'이라고 잔인하게 친절한 표지판이 보인다. 이런 건 도보에나 깔아놔야 하는 거 아닌가? 누구 좋으라고 흙길을 깔았는지 모르겠는데 생각하면 할수록 열 받는다. 포장도로 깔기 귀찮아서 흙길이라고 이름 써 붙인 게 틀림없다. 흙길을 걸으면 아스팔트 도로보다 건강에 좋고 발이 편하다는 건 익히 알고 있다. 하지만 자전거 도로라면 어떨까? 자전거의 건강을 생각해서 만든 길인가 보다. 자전거 청소를 잘 하지 않는 주인들에게 자전거를 위해서 잘 씻겨주라고 흙길을 만든 것이 분명하다. 한강 과속방지턱 이후 어처구니없는 길은 처음 본다. 표지판이라도 없으면 이해할 수 있는데 그게 있으니까 더 열 받는다. 탁상행정의 결과물이 아니라면 길을 제안한 사람은 포장 공사 하지 않은 걸 감추려는 천재이거나 아니면 환경예찬론자가 분명하다.

오늘 화나게 만들려고 작정한 듯하다. 길 따라가니까 조류AI 방역을 위해 출입금지란다. 하하하~ 우회 길을 찾아야 한다. 어딘지 알 수 없는 시

골 길을 달려 겨우 빠져나온다.

　AI 방역 표지판이 안 보여서 자전거 길로 재차 진입한다. 충남 지역엔 철새 도래지가 많아 조류독감의 위험성은 사전에 알고 있는 터…. 막상 당하니까 기분이 별로다. 날이 어둑해지고 정자가 보여서 텐트를 쳐야지 마음먹었는데 조금만 더 달려볼까 하는 마음에 잠깐 쉬다 바로 일어난다. 이때 텐트를 쳤어야 했는데…. 지금 생각하면 후회되는 곳이다.

　앞으로 계속 달려도 잘 만한 공터가 나오질 않는다. 마음만 점점 조급해진다. 한 치 앞도 보이지 않는 어둠이 찾아온다. 스탬프 인증센터는 포기할 수 없는 곳이기에 조급한 마음에 무리하게 페달질을 하기 시작한다. 페이스 조절에 실패하여 결국 무릎이 아파오기 시작했다. 배터리의 도움을 받아 겨우 탈출한다. 호화로운 여행 장비가 다시 빛을 발하는 순간이다. 내가 불쌍했는지 하늘은 자전거 쉼터를 나타나게 해주신다. 올레! 마

음의 안식을 위해 자리 잡고 바로 텐트부터 폈다. 그러고는 라면계의 슈퍼 히어로 오징어짬뽕 한 사발. 집에 가면 당분간 라면은 굿바이겠지. 그전까지 라면은 여행을 지속하는 데 필요한 연료로 작용할 것이다.

후루룩 찝찝 밋좋은 라면~ 징신없이 해치우고 주변을 둘러보니 깜깜한 어둠 속에 분간이 어렵지만, 배산임수 지형에 있는 듯하고 바람소리와 짐승이 지나가 생긴 풀밭소리, 심지어 음메하고 우는 소까지 알 수 없는 공포감이 밀려온다.

텐트 치고 야영하는 게 얼마 전까지는 소원이었지만 여행 기간이 오래되다 보니 스스로가 지친 게 분명하다. 공포를 떨쳐내기 위해 게임을 하며 잠이 오길 기다리는데 갑자기 텐트 밖으로 자동차 라이트로 추정되는 환한 붉빛이 부인다.

자전거 길에 차가 웬일이지? 물론 오는 동안에 시골 밭길과 병행되어 있는 자전거 길이다 보니 차가 종종 지나가는 걸 목격했는데 이 한밤에 차가 오다니 수상하다. 더 큰 문제는 차가 내 테트 옆에 멈춰서 시동도 끄지 않은 채로 머물고 있었다. 왜 그런지 알 수 없으니까 더 무섭다. 텐트에서 잘 때 호신용 연장을 소지한 터라 주머니에 손을 넣고서는 핸드폰을 집어 들었다.

온갖 잡생각이 든다. 납치범인가? 늦었어도 캠핑장을 찾아볼 걸 그랬나? 텐트 안에 조명이 있으니까 그쪽에서도 사람이 있단 건 알 테니 떠드는 소리가 나면 함부로 접근하지 못하겠지? 친구한테 전화를 걸어 30분가량 통화하고 나니 그제야 차가 이동하기 시작한다.

도대체 그 차의 정체는 뭘까? 지금도 의문이 든다. 남자인 나도 무서웠는데 여행 오면 여성분들은 안전한 곳에서 취침하길 바란다. 내가 겁쟁이였던 건가! 간혹 강 옆의 오리들이 싸우는 소리에 깨긴 했지만 무탈하게 수면해서 다행이다.

Guest Talk

여행 중 만난 인연 – 미스타한

한봉철(31세) – 치과기공사

Q 미니벨로를 타게 된 이유가 있다면?

A 브롬톤을 타게 된 이유는 미니벨로라서기 보단 폴딩자전거의 위대함과 주변을 바라보며 쉬어가는 느긋한 여유를 느끼고 싶어서 타게 되었습니다.

Q 전국일주 한번 해보고 싶지 않으세요?

A 자전거 타는 사람이면 모든 사람이 해보고 싶은 거 아닐까요? 저 또한 자전거 타는 사람으로 써 도전해 보고 싶습니다.

Q 자전거를 타면서 좋은 경험이 있다면 얘기 좀 해주세요.

A 우중 라이딩, 브롬톤 유지로시 비가 오면 두 가지 경우가 생깁니다. 폴딩 후 교동수난을 이용해 섬프. 아니번 우중 라이닝. 우중 라이닝 후 청소나 관리하기가 힘들지만 빗속을 뚫고 가는 상쾌함, 그리고 조용한 자전기도로에서 빗물 튀기는 소리까지 매력적입니다. 저는 우중 라이딩을 추천해 봅니다.

금강(3월 20일)

두 번째 펑크

24일차 - 세종보, 대전

이동경로 : 110km

익산 → 대전

일기예보에 부쩍 관심이 많아져 일어나면 날씨를 알아보는 습관이 생길 정도다. 오후 6시 무렵에 비가 내린다고 하니 그전에 대전에 도착해야 한다. 텐트를 걷고 하늘을 보니 우중충하다. 늦었다가는 비를 접할 수 있을 거란 생각에 떡진 머리를 대충 정돈한 뒤 출발 준비를 끝마쳤다. 타 지역 날씨를 봤나? 아침부터 비가 내린다. 슈퍼컴퓨터의 기상예측이 70% 정도 맞으면 성공한 것으로 평가받는다고 하던데 이번에는 시간이 틀렸다.

처음에는 버틸 만했지만, 점점 굵어지는 빗방울로 시야가 흐릿해지기 시작한다. 우의를 입어도 앞이 잘 보이지 않으면 사고가 날 수도 있다. 자동차나 자전거나 빗길운전 시에는 주심해야 하는 법이다. 만용 부리지 않고 앞에 화장실이 보여 우선은 그리로 대피하기로 했다.

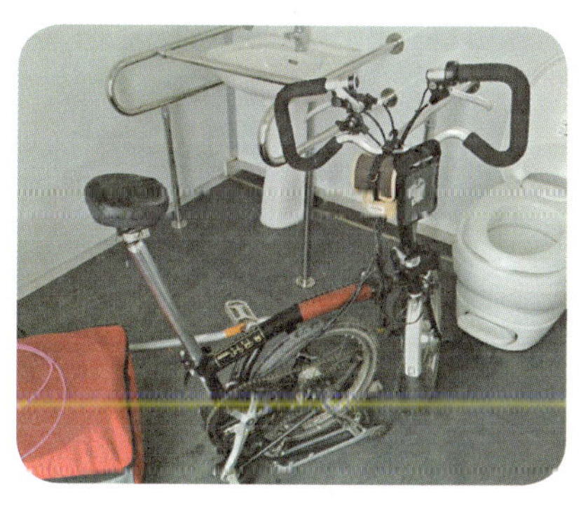

일부러 그런 건 아니나 장애인 전용 화장실에 들어갔다. 일반 화장실보다 넓어서 자전거와 함께하기에는 사실 편했다. 만약 화장실을 이용하는 사람이 있다면 비켜줘야겠지만 여긴 인적이 드문 곳이다. 화장실 안에서 멀뚱하게 기다리는 것도 따분하고 심심해 자전거 정비를 했다. 어라? 앞바퀴가 이상하다 싶었더니 바람이 빠져 있다. 실펑크가 난 듯하다. 엊그제도 앞바퀴가 펑크 나서 응급치료했는데 또다시 말썽이다.

바퀴를 분해했는데 실펑크라 그런지 찾기가 힘들다. 이곳저곳에 귀를

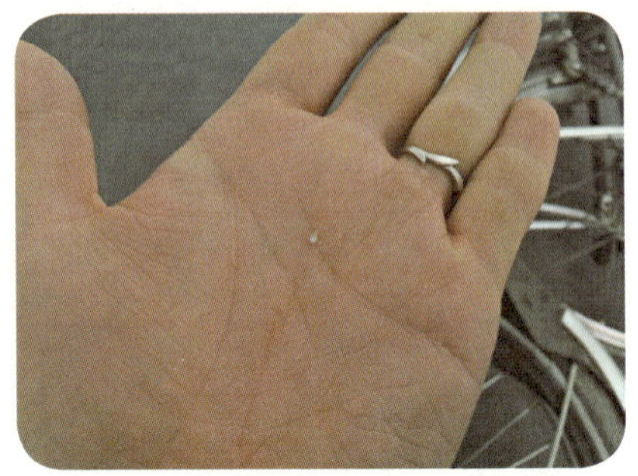

대며 찾아보다 바람소리가 나는 곳을 보니 저번에 펑크패치 했던 부분이다. 패치를 잘못했나 했는데 아니다. 바로 옆에 펑크가 났다. 비슷한 부분에 펑크가 난 걸 봐서는 분명 타이어 안에 이물질이 들어 있나 보다. 확인해보지만 아무것도 없다. 설마 하며 타이어 겉면을 살펴보는데 용의자를 찾아냈다. 그래 이놈이 범인이었어! 미세한 유리조각이라 찾기 힘들었다. 결국 이놈 때문에 두 번이나 펑크패치를 붙이게 됐다.

소나기였나? 자전거 정비를 마치니까 날이 갰다. 비가 그친 하늘은 언제 그랬냐는 듯 따사로운 햇빛을 선사하고 있었다. 비 온 뒤의 하늘은 미세먼지가 씻겨가서 유달리 맑다.

"경치 좋다" 부여에 위치한 백제보를 통과하니 다시 하늘이 우중충해진다. 날씨 참 아·름·답·다. 백제의 마지막을 함께한 사비 부소산성, 낙화암 등 많은 문화재가 있지만 사이클 선수로 빙의한 나는 문화재를 관람할 여유가 없었

다. 병 주고 약 주고 병 주고…. 비가 쏟아진다. 흙탕물에 트레일러도 브롬톤도 머드팩을 뒤집어썼다. 빗물에 페달도 삐걱거린다.

잠깐 내린 비가 그친다. 생각해보니까 먹구름도 이동 중이고 나도 이동 중이다. 지역이 바뀔 때마다 날 따라다닌 듯, 아니 내가 운이 없었다는 게 정확한 표현이지만 졸지에 비를 부르는 사람이 된 듯싶다.

약 100여 년간 백제의 도읍지였던 웅진, 공주는 과거의 수도답게 문화재가 많다. 한옥마을이라고 쓰여 있어서 잠시 들렀더니 한옥으로 구성된

펜션이나 민박집이다. 문화재는 아니고 그냥 영업지라고 해야 하나?!

바로 옆에는 진짜 문화재 무령왕릉이 있었지만, 어렸을 때 와 본 기억이 있어서 방문을 생략했다. 거짓엔

혹하고 진실은 외면하는 현실. 한국 사회의 구성원인 나도 요즘의 세태를 그대로 답습하는 것만 같아 스스로가 창피했다.

공산성에 올라가고 싶지만, 시간이 없어 이번엔 지나쳐간다. 아무래도 빨리 서울로 도착해 쉬고 싶은 마음이 컸다. 대전까지 가야 하는 시간이 촉박하다.

행정계획도시 세종시에 들어섰다. 세종보 인증센터가 눈앞에 보인다. 세종보에 도착했다는 것은 금강 자전거 길도 얼마 남지 않았다는 걸 증명한다. 세종시는 공사가 진행 중인 곳이 아직도 많지만, 아파트 같은 높은 건물도 제법 들어서 있다.

사장교 형식의 멋있는 다리가 나온다. 올림픽대교, 행주대교와 비슷하게 생긴 이 다리는 신기하게도 차도 아래로 자전거 길이 나 있는데 최근 완공된 다리인지라 길이 깨끗하고 노면 상태도 좋다.

222

특이하게도 세종시부터 대전광역시까지 자전거 고속도로처럼 자전거 길이 연결되어 있다. 서울에선 볼 수 없는 광경. 버스 중앙차로를 연상시키듯 가장자리에는 차도가 중앙에는 자전거 길로 이루어져 있다. 옆에서 달리는 자동차와 시합하는 기분으로 달린다면 최고속도를 낼 수 있는 구간이다. 장점이 있으면 단점도 있는 법인데 20km를 가운데 길로만 달리니 약간 지루하다. 거기에다가 화장실이 없다. 용변이 급한 사람은 어찌

하라고 화장실이 없는 것인지 모르겠다. 천장은 태양광 판넬로 되어 있어 자체적으로 전기를 생산할 수 있었다. 오늘도 좋은 아이디어 습득! 신도림에서 강남까지가 약 20km인데 이렇게 막힘없이 편하게 간다고 생각하면 기분 좋을 것이다.

그러고 보니 오늘 먹은 거라고는 캔커피 3개가 전부라 허기진다. 자전거 길을 탈출할 구간도 안 보이고 마땅히 먹을 데도 없어서 라면을 꺼내

부셔 먹는다. 라면땅 형식으로 수프를 조금 집어넣어 먹지만 주책없이 많이 다이빙하신 분말스프 님 덕분에 엄청나게 짜다. 어휴 망했다. 입을 헹군다고 벌컥벌컥 물을 마셔보지만, 혀는 이미 마비상태. 대전까지 분노의 질주로 허벅지와 다리에 고통을 줘 짠 기운을 잊기로 한다.

대전이 '광역시'라는 것을 잠깐 잊고 있었다. '어서 오세요'라는 간판을 본지가 꽤 된 듯한데 목적지인 서대전 외갓집까지 한참 남았다. 1~2시간을 더 달려 외갓집에 겨우 도착했다. 1993년 대전 엑스포 개최 당시의 대전이랑은 많이 바뀌었다. 하긴 20년이나 지났으니 강산이 두 번 변한 거구나. 아파트가 참 많다. 나도 아파트에 거주하지만, 대한민국에는 인구에 비해 지나칠 정도로 아파트가 많은 거 같다. 건설 붐이 찾아왔을 당시 업체들이 경쟁하듯 아파트를 건축해서 그런 것이다. '한밭'이라는 옛 지명이 무색할 만큼 대전도 예외 없이 아파트 건설 대열에 포함됐겠지…. 서대전 지역엔 연구기관이 많아 그런 걸지도 모른다. 서울과 비슷해진 대전의 모습을 보면서 집 생각이 간절해진다.

내일 대청댐에 가면 4대강도 올 클리어다. 해낼 수 있을까 반신반의했

던 여행, 종착지에 다다르면 무슨 생각이 들지 모르겠다. 시간에 쫓겨 정
신없이 달린 결과 110km나 달렸다. 이틀 동안 여행이 아닌 주행상태로 지
낸 듯하다. 이러면 곤란한데….

금강(3월 21일)

다시 만난 후배

25일차 - 대청댐

이동경로 : 60km

대전 → 대청댐

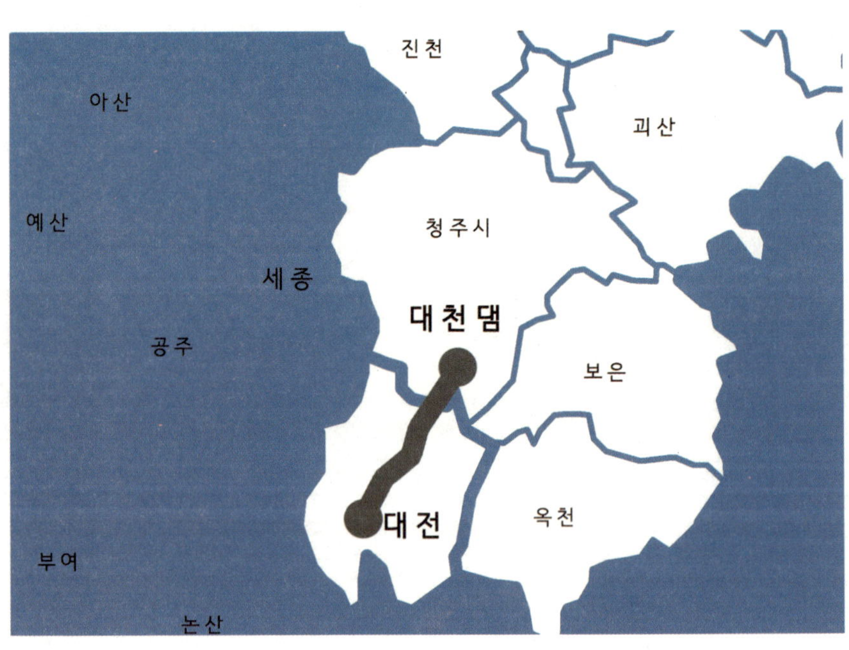

소곤소곤 친척 동생을 꼬시는 일부터 아침을 시작한다. '형이랑 대청댐 가자.' 악마의 유혹이란 이런 걸까? 머뭇거리다가 결국 꾐에 넘어가 따라나선 동생의 자전거는 오랜만에 타는지 새것처럼 깨끗하다.

순진한 친척 동생은 신이 났는지 처음엔 멋모르고 달리다가 이내 힘이 부친 듯 중간에 내려서 걷기도 하고 다시 신나게 달리기도 했다. 어젯밤 푹 쉬었더니 원기가 회복돼서 대청댐까지 가는 길은 힘이 들지 않았다. 한 번도 가보지 않은 미지의 길(지금까지 온 것두 미지의 길이었는데…, 이상하다)에 첫걸음을 내딛는 것은 재밌고 신나는 일이다. 다시 돌아올 때가 항상 문제여서 그렇지. 동생과 함께라 배터리는 두고 나왔다.

어제 많이 달린 여파로 다리 근육이 뭉쳐서 좀 후들거렸지만, 페달을 계속 밟으니 신기하게도 뭉친 근육들이 이내 제자리에 찾아가 기운차게 오르막길도 잘 올라갔다.

어렵지 않게 대청댐에 도착했다. 마침내 한강, 낙동강, 영산강, 금강 순으로 4대강 정복 성공! 흑흑, 그동안 고생했던 순간이 스쳐 지나가지만,

환희와 감동이 밀려온다. 역사적인 순간을 기록으로 남겨야 직성이 풀리는지라… . 금강 자전거 길 대청댐 기념석 앞에서 기념사진을 한 장 찍기로 한다. 멋들어지게 포즈잡고 찍고 싶었지만 거들먹거리면 바람이 용서치 않는다.

10장 넘게 찍어서 겨우 한 장의 사진을 건졌다. 사진으로 본 내 모습은 동네 마실 나온 형처럼 편한 나들이 복장이지만 이래 봬도 그동안 이렇게 잘도 입고 4대강 일주에 성공한 라이더다. 국토종주한다고 자전거 전용 복장을 챙겨 입는 것도 나쁜 선택은 아니나 무엇보다 난 작은 미니벨로 자전거로 편하게, 일상 복장으로 전국을 돌아다니고 싶었다. 짐 줄인다고 해진 옷도 버렸지만 최소한의 갈아입을 옷만 챙겨 보기 좋게 성공했다. 판단은 여러분 각자의 몫이겠지만 트레이닝복도 좋고 땀복도 좋고 잠옷도 좋고(?) 여하튼 편한 옷을 챙겨 여행하시길 권해드리는 바이다.

인증센터 직원분이 4대강 종주 기록을 전산화하는 동안 박물관에 들어갔다. '내 몸의 물의 양'을 알 수 있는 저울이 흥미를 끈다. '이거 신기한데 정말 알 수 있는 거야?' 호기심 많던 청년의 마음을 무참히 짓밟아버린 나쁜 저울이다. '왜 이렇게 많이 나와?!' 내가 알기로는 물이 인간의 몸에 차지하는 비중이 70%라고 알고 있었는데 아닌가? 그냥 내 몸무게가 나왔다.

금강에 사는 물고기들을 한눈에 볼 수 있도록 수족관 형식으로 전시된

곳도 있었다. "철갑상어? 응? 상어가 강에도 사는구나." 알면 알수록 신기한 것이 생태계다. 그밖에 어패류 화석, 측우기 모형, 금강의 물줄기를 알기 쉽게 그린 대동여지도 심지어 장승까지 금강과 관련된 모든 것들이 전시되어 있다. 금강을 종주한 사람이라면 박물관 방문은 필수코스다. 난 꼭 봐야만 했는데 그도 그럴 것이 금강 종주길은 경치도 주변 문화재도 보지 않고 아무 생각 없이 라이딩만 했기 때문이다. 대전까지 빨리 오고 싶어서 무리하면서 달려온 게 지금 생각하니 후회된다. 여유 있게 주변을 돌아봤다면 기억에 남는 게 있을 텐데 여기 박물관에 와서 공부하고 있으니 말이다.

금강 인증센터는 직원분이 미인이시다. 사심 가득했지만, 나란 남자는 용기가 없으므로 돌아 나왔다. 4대강 종주 인증수첩 받는 것보다 미인과 마주하는 게 솔직히 더 좋았다. 지금이라도 늦지 않았을려나?

하여튼 수첩을 펴보니 금딱지가 날 반겨준다. 국토종주만큼의 감동은 몰려오진 않았지만 그래도 내가 해냈다는 생각에 들떴다. 난 이제 4대강을 경유한 전국 일주자가 되는 건가?

건물을 나가려는데 아리따운 직원분께서 새로 생긴 오천 자전거코스라고 스티커 한 장을 주셨다. 충주에서 문경 갈 때 처음 보는 인증센터가 있어 우왕좌왕했던 걸 기억하는가? 역시 새로 생긴 인증센터였다. 예전에는 자전거코스가 갱신될 때마다 부록처럼 껴주거나 새로 발급해야만 했는데 이제는 수첩 맨 뒷장에 붙여서 쓸 수 있도록 스티커로 나온 것이다. 난 인증 여권 1세대 구매자라 변하는 과정을 모두 다 지켜봤다. 예전처럼 하면 도장을 새로 찍어야 해서 기분 나쁠 텐데 편리성이 향상되어서 훨씬 좋다.

동생과 복귀하는 길은 특별히 설명할 필요도 없을 만큼 배고팠고 지쳐서 말 수도 적어졌다. 친척 동네로 돌아오니 전화가 한 통 온다. '형 지금 갈게요.'

여행 1일 차, 같이 여행한답시고 용산역에서 만나 여주까지 함께한 그 동생,

어렵게 고물상에 자전거를 팔고 눈물 흘리며 서울로 복귀한 그 동생의 연락이다. 그때 나랑 헤어진 후 대학 생활을 위해 대전에서 자취를 하고 있던 터, 내가 대전에 도착한 걸 알고 만나러 온 거다. 여행 첫날, 둘째 날 그 기억이 아직도 생생해 자꾸 생각나서 웃기기만 하다. 그래도 반가운 건 숨길 수가 없다. 저녁을 먹고 카페에 갔는데 남자가

세 명이라 뭘 먹을까 고민하다가 악마의 초코빙수를 먹기로 한다. 카페에 전부 여자만 있는데 남자 셋이 빙수 하나 시키니 신기한 듯 쳐다본다.

도전~! 호기 있게 힘차게 외치고 빙수를 먹는다. 숟가락질이 점점 무뎌지더니 결국 셋 다 포기다. 달아도 너무 달다. 단 거 많이 먹으면 당뇨병 생긴다고 엄마가 말씀하셨다. 이런 건 누가 먹는 거야? 헤어질 시간이 다 가오자 동생 녀석이 봉지 하나를 꺼내준다.

뭔가 개봉해 보니 계란이 들어간 라면과 햄, 참치다. 야영하라는 뜻인가? 여행노 나 끝나가는네 어니서 텐트를 쳐야 하지?

평택에 친척이 살고 다음이 서울인데 한강에서 캠핑해야 하나? 사람 많은 여의도 한강공원에서 야영을 한다면 참 재밌을 거 같다. 야영이 가능하진 않겠지만…. 재미난 상상을 했더니 오늘 하루도 이렇게 지나간다. 정말 얼마 남지 않았다.

다시 한강으로

다시 한강으로(3월 22일)

괴수가 된 내 다리

26일차 - 평택

날씨 : 맑음

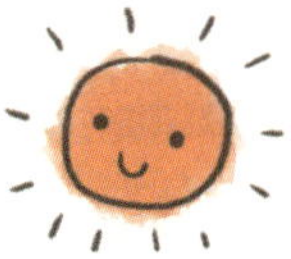

이동경로 : 110km

대전 ⟶ 평택

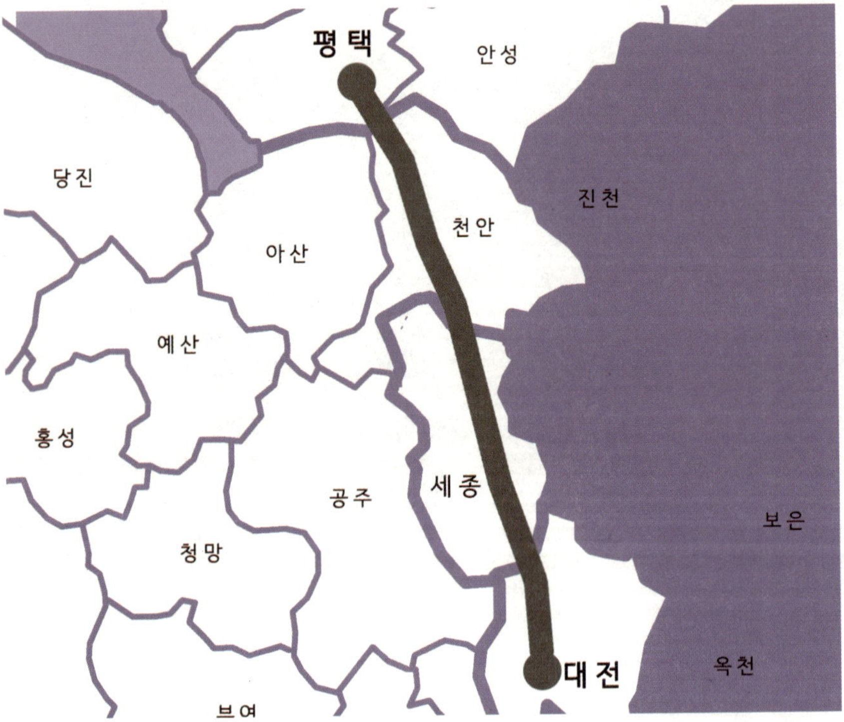

날씨가 좋아 질주본능이 시작될 것만 같은 하루다. 오로지 두 다리만 믿고 최대한 많이 갈 예정이다. 할머니께서 주신 고구마를 먹고 기세등등

하게 대전을 떠난다. 평택까지 생각한 복귀 루트가 세종에서 왔던 길로 다시 가야 했으므로 엊그제 내 마음대로 이름 붙인 자전거 고속도로로 향했다. 한번 온 길이니까 어떻게 구성되어 있는지 잘 안다. 지피지기면 백전불태라고 입구에서 잠시 심호흡을 한 뒤 달리기 시작했다.

고구마 파워 업! 고구마 먹으면 방귀도 많이 나오는데 체내의 가스까지 달리는 연료로 사용해 질주한다. 페달질, 방귀, 매끈한 노면의 삼위일체(?) 힘으로 20km 따윈 가뿐히 달려보자고!

앞에 가는 MTB를 제치고 두 번째 MTB도 제치고 거리를 점점 벌리며 미칠 듯한 속력으로 달리니 MTB 아저씨들이 놀라서 쳐다본다. '저도 놀라워요. 힉!' 디리기 당기는 젓도 모른 채 대전에서 세종까지 질주를 마친 후 시계를 보니 30분밖에 안 걸렸다. 평속 40km로 달린 건가? 말도 안 돼! 시계가 고장 난 건 아닐까?! 이게 말로만 듣던 제로익 영역인가? 트레일러가 달린 미니벨로로 이런 속도라니…. 그것도 미니스프린터도 아닌 브롬톤으로 말이다. 여행 시작할 땐 일반인이었는데 이젠 괴물이 된 듯하다. 요즘은 언덕길도 배터리 안 쓰고 잘 올라간다. 한 달 간의 여행을 통해 무쇠 다리는 그렇게 탄생한 것이다

세종시는 어마어마한 규모의 신축공사가 진행 중이다. 달리고 달려도 계속 아파트 신축공사만 보인다. 아까와 같은 엄청난 속도로 달리고 싶지만 노면발(?)이었나 보다. 속도가 점점 안 나온다.

세종시를 벗어나니 터널이 보인다. 도보여행자, 자전거여행자 공통으로 터널은 위험하다. 망했다…. 터널을 피하기 위해 지금까지 고심을 거듭하다 이 루트를 선택한 것인데 여기에 터널이 있다는 걸 몰랐다니 으이구~ 바보! 잠시 멈춰 있다가

차가 안 올 때 재빨리 진입했다. 절대로 차가 무서워서 그런 게 맞다. 세종시는 공사 차량이 많아 큰 트럭들이 많이 지나가는데 설마 밟히진 않겠지! 트럭 운전자분들이 안전운전, 방어운전을 얼마나 잘하시는데 말이야!

터널구간이 끝나자 손에 들어간 힘이 빠지기 시작한다. 어찌나 꽉 쥐었는지 얼얼하다. 긴장이 풀려서 그런지 배가 고프다. 따끈한 국밥이 먹고 싶어 주위에 보이는 소머리 국밥을 선택했다. 음식이 나오자마자 입천장 다 데일 정도로 게걸스

럽게 먹고 나니 음식점 아줌마와 아저씨께서 여행 중이냐고 물어보신다. 어디서 왔냐길래 서울에서 왔다니깐 이제 막 여행 시작한 거냐면서 웃으

236

신다. '아뇨~ 일주 마치고 서울로 돌아가는 중이에요.'라고 하니 정색하며
놀라신다. 게임만 하는 아들 녀석 나처럼 여행 보내고 싶다고 말씀하셨
다. 주인아주머니와 아저씨의 응원을 받으니까 다시금 힘이 난다.

'다리야 좀 더 힘내! 천안이 멀지
않았다.' 연료도 보충해줬으니 이제
는 일해야 할 때라며 다리에게 채찍
질한다. '아직 연료가 전달되지 않
았다. 조금만 기다려달라.'며 다리
가 머리에게 말한다. '오늘 많이 달
려야 한단 말야.' 머리는 다리에게

사정사정하며 압박을 가하지만 삐친 내 다리는 태업 중이다. 여행하면서
느낀 건데 잠시 쉬고 다시 타면 다리가 풀려서인지 페달링이 힘들어지고
근육이 아파온다. 안 쉬고 그냥 달리는 게 몸도 마음도 편하다.

참~ 세종시를 나와서는 자전거 길이 따로 없기 때문에 차도의 갓길을
이용해야 하니 조심조심 다녀야 한다. 천안까지는 자전거를 타고 한 번
와 본 터라 천안 가는 길이 여유롭다. 처음 가는 길이 문제지, 한 번 가본
길은 곧잘 기억하는 뇌를 가지고 있기에 지도도 보지 않고 천안까지 잘
왔다. 천안 도착 기념으로 천안의 명물 호두과자를 먹었다. 본 고장에서
먹으니 더욱 맛있다.

국도로 가다가 갑자기 자동차전용도로가 나와 어쩔 수 없이 시골 길로 우회해야 했다. 편안한 국도를 버리고 시골 길로 오니 주행은 힘들어졌지만, 덕분에 재미난 경치는 많이 보게 됐다. 철길 건널목을 건너던 중 기차가 온다고 차단기가 내려가기에 재빨리 폰을 들었지만 기차가 하도 빨라서 사진을 찍은 후엔 지나가고 없었다. 천안에서 평택까진 약 25km 정도로 그리 멀지 않다. 평택에 도착해 친척 형을 만나기로 했는데 서둘러야 했다.

원래의 일정대로라면 안성, 용인으로 가야 한다. 안성으로 안 가고 왜 평택으로 왔냐면 대전에서 외할머니도 뵈었으니 밸런스를 맞추기 위해 평택의 친가도 방문해야겠다 싶어서 그리 결정한 것이다.

 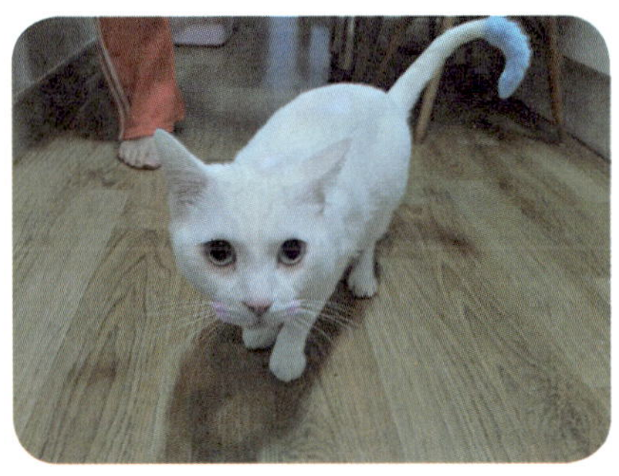

약속 장소인 평택대학교 앞에 도착하여 친척 형이 오기 전에 차에 싣기 편하게 폴딩해놓고 기다렸다. 조금 기다리자 형과 형수님이 오셔서 오늘 브롬톤의 역할은 여기서 끝이 났다.

형 집에 도착하자 꼬리를 흔들면서 반겼던 고양이 밀크. 사람을 좋아하고 막 달려드는 것이 강아지 같다. 고양이가 성격은 개 같네. 개냥이?

내일이면 길었던 여행길의 출구를 찾는 날이다. 오늘이 여행지에서 숙박하는 마지막 날이라고 생각하니 뭔가 시원섭섭하다. 과오를 되풀이해선 안 되겠지…. 아쉽다고 과음은 하지 않을 것이다. 나에게도 100km 정도는 이제 가뿐히 돌파할 수 있는 체력이 생겼다. 이러다가 로드로 전향하는 거 아닌가 몰라….

Guest Talk

여행 중 만난 인연 – 팔색조 다영

다영(Secret) – 카페 매니저

Q 우리나라 많은 곳을 다녀본 걸로 아는데 어디가 가장 인상에 남나요?

A 청명한 날씨 운이 잘 따라 주었던 제주도의 '우도'
막힘없고 개운하게 펼쳐진 사위의 바다풍경에 감명과 큰 위안을 받았어요. 흑빛 모래사장과 이국적인 에메랄드 바다빛도 한국에선 쉽게 볼 수 없으니까 이색적이었고요.
흔하게 오르내리는 관광 명소라지만 다양한 테마의 풍경도 있고 자연의 경이를 느낄 수 있었던 그곳은 꽤나 제겐 인상적이었습니다. 그곳을 향하는 모든 이의 발걸음에 부디 맑은 날씨와 한적한 타이밍의 행운이 함께 하시기를!

Q 거제도 자랑 한번 해주세요.

A 주변 사람들이 이따금 제게 물어요, 내 지인이 거제도에 사는데 아무개라고 알아? 그럼 저는 차분히 그분의 손을 잡고 웃으며 차근히 일러주죠, "잘 들어봐, 거제도는 24만 명이 거주하고, 제주도 다음으로 큰 섬이야, 장대한 조선소가 2개, 일 인당 국민 GDP도 손꼽힐 만큼 높지, 시내는 시내대로 잘 발전 돼 있고 섬을 둘러싼 전망 좋은 해안도로가 길게 뻗어 있어, 석양이 질 때의 드라이브는 너무나 고혹적인걸, 몽돌, 모래 해

수욕장들이 있어서 여름철 휴양의 자연 놀이터들이 가득해 유람선을 타고 나가면 47,000평 정도의 이국적인 외도해상농원이 있고 절경으로 가득한 해금강은 더할 나위 없이 아름답지, 동백꽃 가득한 섬도, 요즘은 발전이 가속돼서 시설 좋고 근사한 펜션, 리조트, 호텔, 민박도 많아서 휴양엔 안성맞춤이야, 피서철 인파 때문에 여름엔 한껏 분위기가 달아올라, 최근에 부산이랑 연결되는 8km 넘는 바다 위의 거가대교가 생겨서 더 외부 교류도 수월해 지구, 참 좋은 곳이야, 그리하여, 생각보다 사람이 참 많이 살고 있단다. 우린 서로의 이름을 다 알만큼 아주 작고 후미진 곳은 아니야 알겠니 이 친구야…."

Q 주인공과의 첫 만남 어땠나요?

A 전 제환이의 다른 여행 인연들보단 여행 중 공유한 시간이 그리 많지 않을 거예요. 그런데 이따금 꼭 많은 얘기를 나누거나 오래 함께 해보지 않더라도 찰나의 느낌이 되려 깊게 와 닿을 때가 있잖아요. 제환이는 잠시 만나고 이야기한 그 짧은 순간에도 그 깊이와 열기가 전해지는 친구였던 것 같아요. 전국일주라는 흥미로운 소재가 페로몬 마냥 여행자의 매력으로 뿜어져 나오기도 했구요. 이런저런 느낌을 펼쳐 놓으라면 호기롭다, 활력 가득하다, 자신에 대한 믿음과 열기가 충만하다, 이성적인 판단이 전체적인 수평을 맞춰준다.

그리고 뭔가…. 아주 잘 구르는 도토리 같다? 훗. 사실, 저흰 단둘이서 몸을 가까이하고…. 고난을 이겨낸 사이입니다. 그 냉혹하고 지옥 같은…. 설거지 벌칙을 함께 헤쳐나갔으니까요. 고로 우리에겐 뜨거운 전우애가 있답니다.

다시 한강으로(3월 23일)

전국일주 완료

27일차 – 서울

이동경로 : 75km

평택 → 서울

드디어 집으로 돌아가는 날이라서 그런 걸까? 평택에서 맞이한 아침은 굉장히 상쾌했다. 형수님께서 손수 차려주신 아침을 맛있게 먹고 큰형 집을 나선다.

평택에서 오산까지는 자전거 길이 잘되어 있어 별 위험 없이 오산까지 도착할 수 있었다. 국가적 차원에서의 자전거 타기 운동 덕분인지 일부 구간을 제외하고는 전국적으로 자전거 길이 잘 정비되어 있다. MB정부가 거의 유일하게 잘한 것은 자전거 길 정비 사업일 것이다.

오산을 벗어날 때쯤 보이는 오산시가 설치한 전광판에는 날씨와 미세먼지 농도 등을 알려주고 있었다. 예전엔 미세먼지농도 같은 건 알려주지 않았는데 국민들의 환경에 대한 관심이 예전보다 커진 게 하나의 이유고 급속한 산입화로 심하게 오염된 중국이 또 하나의 이유다. 최근

식목일도 공휴일에서 제외됐는데 나무 심기 운동 등 환경캠페인을 더욱 활성화했으면 하는 바람이다.

오산과 수원 사이의 구간은 자전거도로와 국도를 병행해야만 한다. 정약용 선생의 거중기를 이용해 제작했다는 유네스코 세계문화유산으로 지정된 수원 화성이 보인다. 과학적이고 계획적으로 성을 축조한 수원 화성. 한 번쯤 견학하고는 싶으나 서울에서 가깝다 보니 나중에 봐야지 차

수원 화성

면서 올 때마다 나중에 봐야지 이런다. 죽기 전에 견학하면 되지…. 버킷 리스트에 적어놔야겠다.

점점 수도권에 진입하면서 건물과 자동차, 사람들이 많이 보인다. 벌써 부터 뭔가 고향에 돌아온 듯한 기분이 들어 나도 모르게 실실 웃는다.

안양부터는 안양천을 따라 한강까지 자전거 길이 있다. 자주 이용하는 곳인데 역시나 수도권의 자전거 길은 제일 잘되어 있다. 그다음은 세종시의 자전거고속도로. 지방의 자전거도로는 길이 매끄럽지 못해서 높은 점수를 줄 수 없었다. 가령 자전거 길이라고 만든 게 도보로 산책할 때 쓰는 땅을 깔아놔서 바퀴가 푹푹 빨려 들어가는 느낌이라 앞으로 잘 나가질 않는다. 시급한 정비가 필요하다.

서울에 근접할수록 사람 반 자전거 반이다. 대규모의 그룹 주행도 보인다. 지방에서는 전국일주 여행자라 인기 많은 나였지만 서울에 온 이상 평범한 사람이 되었다. 걸어가면서 마주치는 사람들처럼 많고 많은 게 자전거 타는 사람들이다 보니 나를 쳐다보는 사람도 거의 없다.

배고파서 구로 자전거 쉼터에서 형수님이 챙겨주신 토스트를 먹는다. 느긋하게 먹으면서 지금까지 여행했던 추억을 곱씹어본다. 주위에 앉아 계신 분들이 여행 중이라는 깃발을 보고는 신기한 듯 쳐다보다가 곧 자기 일들을 한다. 서울과 지방의 다른 점이랄까? 서울 토박이로서 서

울을 사랑하고 좋아하지만 따뜻한 정을 느끼기엔 부족하다. 그래서인지 서울 사람들은 어마어마하게 많은 동호회가 있는가 보다. 동호회에 가입되어 있으면 비록 하나의 소모임이지만 같은 취미를 가진 사람들이기에 죽이 잘 맞고 따뜻한 정을 느낄 수 있기 때문이다. 시골에서 지나칠 때마다 인사해주시던 어르신들, 인사하며 지나가면 기쁜 마음으로 달려와 친절히 목적지까지 설명해주고 먹을 것을 건네주던 정감 있는 사람들…. 그런 분들을 다시 보기는 어렵겠지만, 마음만큼은 간직해야겠다.

신도림에 도착! 브롬톤도 벌써 몇 대나 봤다. 정말 별의별 종류의 자전거를 다 보게 되는 서울이다. 자전거도로에서 슬슬 빠져나와 동네 길로 접어든다. 눈앞에 그리운 집이 보이니 사람들이 이상하게 보든 말든 나도

모르게 혼자 소리친다. "해냈어. 해냈다구!"

지금까지 함께 고생한 고마운 내 애마 미니벨로 브롬톤과 트레일러를 찍어준 뒤 한 번씩 쓰다듬어 준다. 무생물이지만 지금까지 버텨준 게 무척이나 고마워 말을 건다. "수고했다." 동네 사람들이 이상하게 보지 않을까 걱정은 되지만….

아파트 집 문을 열고 들어가니 드디어 여행이 끝났음을 느낀다. 벅차오르는 가슴으로 소리친다. "엄마 나 왔어요."

언제 도착했는지 먼저 집에 온 종주기념 메달이 주인을 기다리고 있다. 메달을 보니까 국가에 인증된 4대강 일주자 중 한 명이 됐구나 싶다. 창문 밖으로 보이는 수두룩한 아파트와 높디 높은 빌딩을 보니 편안함이 느껴진다. 높은 건물만 보이는 서울이지만 내가 태어나고 자란 이곳이 가장 편안한 곳이다. 집 나가면 고생이라고~.

이제 일상으로 돌아가 볼까!

여행은 내게 많은 것을 남겨 주었다.

우선 국사와 지리에 취약한 내가 우리나라의 참모습을 알 수 있게 해주었는데, 처음 보는 마을의 지명부터 주위 환경에 따른 특색과 특산품들까지. 여행하는 동안 보게 된 유적지들을 통해 역사를 알 수 있었다.

제주도에서는 마지막 왕손이 왜구가 아닌 우리나라 사람 손에 죽었다는 사실을 알게 되었다. 5.18 광주민주화운동처럼 민주화를 향한 뜨거운 열망이 제주도에서도 있었다고 하는데, 그때 당시 정부는 사상이 불순하다는 이유로 왕족까지 해친 것이다. 충격적이었지만, 지금까지 몰랐던 우리나라의 역사를 많이 알게 되었다. 학창시절 교과서에서도 배우지 못한 이런 역사적 사실들을 교과서에 싣기 위해 많은 노력들을 하고 있다고 한다. 확실한 사실은 내가 더 공부를 해야 알겠지만, 참 많은 것을 알았다. 그래서 해군기지 건설을 극도로 반대한 건가 싶다.

또한 여행은 내게 건강한 신체를 주었다. 여행을 처음 시작했을 때만 해도, 사무실에만 박혀 컴퓨터 키보드나 두들기던 저질 체력의 청년이었지만, 지금은 튼실하다. 스트레스로 인해 온몸이 아프고 목도 제대로 돌아가지 않을 지경이던 내 몸은 여행을 하는 동안 치유되기 시작했다. 스트레스가 인체에 얼마나 악영향을 끼치는지 알 수 있었다. 사실 여행 초반에는 몸이 더 망가지는 건 아닌가 걱정도 했지만, 시간이 갈수록 오히려 기운이 솟고 쌩쌩해지는 것이 신기할 따름이었다.

마지막으로 강인한 정신력과 긍정적인 사고방식을 얻었다. "못하는 게 어딨어? 하지 않아서 못할 뿐이지!" 내가 자주 하는 말이지만 더욱더 확신을 가지게 되었다. 그리고 사회생활에 찌들어가면서 점점 웃음을 잃고 무슨 일이든 의심부터 하던 습관도 사라졌다. 내가 먼저 웃으며 다가가면 상대방도 마음을 열어준다는 사실을 새삼 깨달았다.

당연한 것조차 잊고 살았던 나. 자전거 전국 일주를 감행하며 참 많이 달라졌다. 솔직히 말해서 많이 힘들고 외롭기도 하고 지칠 때도 있었다. 그래서 다른 사람들에게 쉽게 권하지는 못하겠다. 자전거 국토종주 중에서 8할 정도는 정신력 싸움이고, 나머지 2할이 기쁨이다. 이 작은 기쁨을 얻기 위해 8할의 고통을 감수하며 나 자신과 싸워야 한다. 아니다, 누구에게나 자전거 여행을 권하고 싶다. 특히 현실과 타협하고 꿈을 잊어버린 채 삶의 목적을 고작 돈벌이에 두고 있는 20대 사회 준비생들에게.

(책이 나오기까지 많은 도움을 준 유서, 영재, 규화에게 고마움을 전합니다.)

행복한 기획자 반
국토장정, 자전거 배낭여행을 마치며…
전국일주 완료. 이동거리 약 2,300km

부록

- 자전거 수신호
- 여행 시 도움되는 어플

자전거 수신호

왼쪽으로 진행

오른쪽으로 진행

정지

노면 조심

서행

한 줄로 진행

가속

왼쪽으로 추월

여행 시 도움되는 어플

올댓캠핑

여행을 하다 보면 캠핑을 해야 할 때가 있다. 그럴 때 유용하게 쓴 어플이다. 이 어플은 캠핑정보를 보기 편하게 제공해 주며, 가격과 위치, 후기 등이 잘 정돈돼 있다. 산 같은 데서 캠핑을 해야만 한다면 위험하다 보니 내 주위에 가까운 캠핑장 정보를 찾을 때 썼다. 국내에 산들은 캠핑장이 굉장히 많기 때문에 꼭 위험을 무릅쓰고 길거리에서 잘 필요는 없다. 특히 산짐승이 많이 출몰하는 지역에서는 더욱더…. 무료캠핑장도 많이 있으니 그런 곳을 이용하면 좋다.

대한민국 구석구석

여행을 다니며 처음 가보는 곳이 굉장히 많다. 그런 곳에 갔을 때 유용하게 쓸 수 있는 어플이다. 대한민국 전국 구석구석 관광지, 먹거리 등을 소개해주는 어플로 유용하게 쓰인다. 필자도 잘 모르는 지역은 이 어플로 찾아보곤 했다.

야놀자

국내의 모텔정보를 한눈에 볼 수 있어 도시지역에서 숙박할 때 이용했다. 가격, 위치정보, 후기평가, 할인쿠폰 등 여행자들에게 필요한 게 알차게 들어가 있다. 계속 캠핑만 하며 살 순 없기 때문에 이런 숙박업소 정보 어플도 유용하게 사용하게 된다.

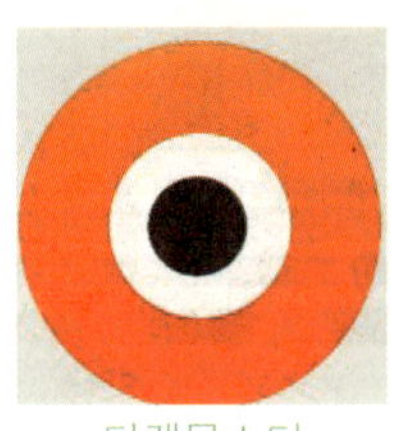

티켓몬스터

소셜마켓은 여행지에서 많이 사용하게 된다. 주로 게스트하우스 구매나, 여행지 등에서 표를 싸게 구매할 수 있다. 매표소 앞에서 바로 구매해서 들어가면 최대 50% 할인된 금액까지도 받을 수 있기 때문에 유용하게 쓰인다.

네이버 지도

자전거 지도를 볼 수 있는 네이버 지도는 길을 잃었을 때 많은 도움을 준다. 꼭 네이버 지도가 아니어도 자전거 지도가 포함되어 있는 어플들이 있다면 반드시 챙겨 가는 걸 추천한다.

날씨 위젯

자전거 여행을 한다면 날씨 확인은 필수다. 날씨 위젯은 7일 동안의 날씨를 한눈에 볼 수 있게 제공하며 내가 있는 지역을 GPS로 실시간 감시해 알려준다.

브롬톤 전문 스토어

Homepage:http://www.bb5.co.kr

- Brompton 구매 시 Brompton 보관 bag 증정.
- bb5 전품목 5% 할인 쿠폰(단 Brompton 사의 제품과 일부 품목 제외.)
- 온라인 매장 사용 시 카카오톡 ID:bb5ok로 사용날짜·성함·연락처 작성하셔서 사진 보내주시면 온라인 주문하신 내용에 적용해 드립니다.
- 오프라인 매장 사용 시에는 쿠폰을 제시해주시기 바랍니다.

유효기간 : 2015년 12월 31일까지

사용날짜	성함	연락처
		사 인

Homepage:http://www.paulbike.co.kr/

- 전동킷 풀세트 구매 시 추가 충전기 증정.

유효기간 : 2015년 6월 1일까지

사용날짜	성함	연락처
		사 인

주의사항 : ■ 본인 1회만 사용 가능합니다!
■ 사진 찍을 때는 책 전체가 보이게 찍어주세요!